Friedrich Nikol / Jürgen Witznick

Warum? Weshalb?

Friedrich Nikol / Jürgen Witznick

Warum? Weshalb?

Physik rund um die Uhr für Schulmuffel und andere Schlaumeier

Illustrationen von
Ekkehard Drechsel

Otto Maier Ravensburg

4 5 6 94

Sonderausgabe

Umschlag: Ekkehard Drechsel
Redaktion: Sabine Schuler
Gesamtherstellung:
Graphischer Großbetrieb Pößneck GmbH
Ein Mohndruck-Betrieb
Pößneck, Thüringen
Printed in Germany

ISBN 3-473-34621-7

Inhalt

Ein eisiger Blumenstrauß
begrüßt den Tag –
gleich nach dem Aufstehen
ist das Wetter pünktlich
zur Stelle

Das Aufstehen am Morgen fällt oft schwer, besonders wenn es im Bett so kuschelig warm ist. Warum wärmt ein *Federbett* eigentlich besser als eine normale Decke?

Im Grunde wärmt ein Federbett genausowenig wie eine beliebige andere Bettdecke – beide „bremsen" nur den *Wärmeverlust* des Körpers. Ein Federbett tut das nicht besser, weil es dicker ist, sondern weil es im Inneren – zwischen den Federn – aus vielen kleinen luftgefüllten Hohlräumen besteht. Luft aber *leitet* Wärme nur sehr schlecht. Daher wird beim Federbett der Verlust der Körperwärme stärker gebremst als bei einer federlosen Decke.

Warum streckt man in einer warmen Sommernacht „alle viere von sich“, um besser zu schlafen?

Der Körper gibt über die Haut *Wärme* ab, und das kann er um so besser, je größer die *Körperoberfläche* ist, die mit der Luft in Berührung kommt. Wenn es sehr warm ist, versucht man also, diese Fläche möglichst zu vergrößern. Wenn es aber kalt ist, soll diese Fläche möglichst klein sein. Dann hält man alle Körperteile eng zusammen: Man rollt sich zusammen wie ein Igel, um recht wenig mit der kalten Luft in Berührung zu kommen.

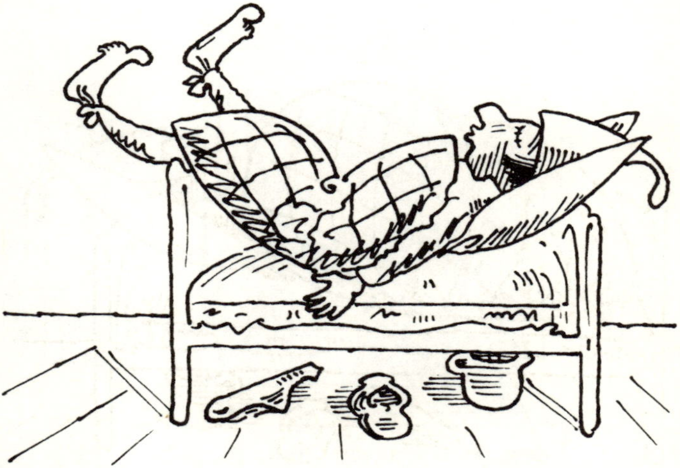

Wenn es nachts besonders kalt war, wird das Fensterglas an manchen Stellen von einer dünnen Eisschicht überzogen. Dieses *Eis* sieht aber ganz ungewöhnlich aus: so, als ob es aus vielen kleinen Blumen bestehen würde. Warum bildet dieses Eis so ein schönes Muster?

E*isblumen* entstehen nur dann, wenn der in der Luft enthaltene Wasserdampf an einer sehr kalten Glasscheibe gefriert. Dann bilden sich – ähnlich wie bei Schneeflocken – kleine, ganz regelmäßig angeordnete *Eiskristalle.* Daher kann man Eisblumen auch nicht selbst „herstellen", indem man eine kalte Glasscheibe anfeuchtet – denn dann entsteht nur ganz „normales" Eis.

Warum kann es vorkommen, daß eine *Fensterscheibe* nur an manchen Stellen beschlägt?

Das Glas muß an diesen Stellen kühler sein als an den anderen. Denn am kühlen Glas kühlt sich auch die warme Raumluft ab. Daher gibt die Luft durch *Kondensation* ein wenig ihrer Feuchtigkeit in Form von kleinen Wassertröpfchen ab, denn sie kann jetzt nicht mehr soviel Feuchtigkeit halten wie zuvor. Daß das Glas nur an manchen Stellen kühler ist, liegt daran, daß hier auf der Außenseite der Scheibe Regentropfen haften. Bei windigem Wetter verdunsten diese Tropfen, wobei *Verdunstungskälte* entsteht. Durch diese Verdunstungskälte wird das Glas an dieser Stelle auch innen abgekühlt.

Wer zu bequem ist, sich das Wetter genauer anzusehen, oder wer wissen will, wie das Wetter in den nächsten Tagen werden wird, der wirft am besten einen Blick auf ein kleines Gerät. Es zeigt an, wie das Wetter ist: „Schön“, „Veränderlich“ oder „Regnerisch“. Woher weiß das Gerät so genau Bescheid?

Das Gerät wird *Barometer* genannt: Es mißt den *Luftdruck*. Wenn der Luftdruck vergleichsweise hoch ist, dann herrscht im allgemeinen schönes Wetter. Wenn aber nicht hoher Druck, sondern ein Tiefdruckgebiet das Wetter bestimmt, dann regnet's eher. Und dazwischen liegt ein Wetter, das man ungefähr als „veränderlich“ bezeichnen kann.
Welcher Druck gerade herrscht, kann ein Barometer auf verschiedene Weise feststellen: Am gebräuchlichsten sind *Dosenbarometer.* In ihrem Inneren befindet sich eine weitgehend luftleere Dose, an deren Metalloberfläche eine Feder angebracht ist. Bei Luftdruckveränderungen verformt sich die Metallhaut leicht, und diese Bewegung wird über die Feder auf einen Zeiger übertragen, der den entsprechenden Luftdruck auf einer Skala anzeigt.

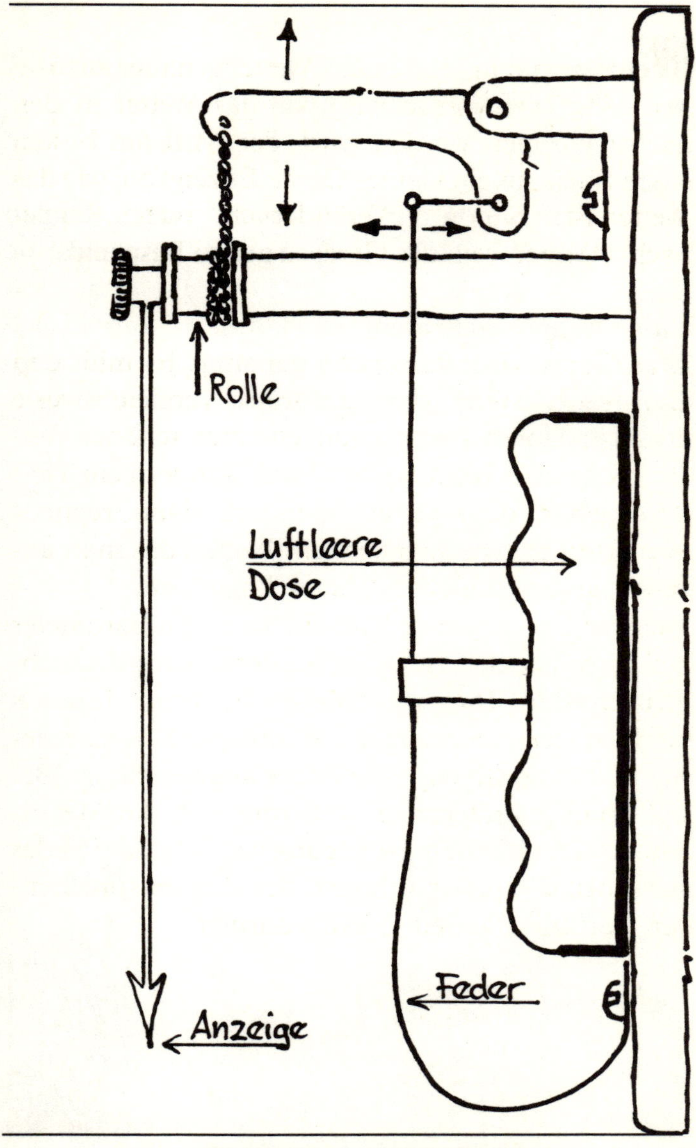
Rolle
Luftleere
Dose
Feder
Anzeige

Warum sind an manchen Tagen morgens die Wiesen naß, obwohl es nachts nicht geregnet hat?

Das Gras einer Wiese kühlt sich nachts genauso ab wie alle anderen Dinge im Freien. Feuchtwarme Luft kühlt sich dann an den Grashalmen ab und kann deshalb nicht mehr soviel Wasserdampf in sich behalten. Dieser überschüssige Wasserdampf *kondensiert* und schlägt sich in Form kleiner Wassertröpfchen, dem *Tau*, auf der Wiese nieder.

An manchen Tagen herrscht ein richtiges „Waschküchenwetter“: Dann sieht man kaum die Hand vor den Augen. Wie entsteht eigentlich *Nebel*?

Nebel entsteht, wenn sich warme, feuchte Luft abkühlt. Feucht ist die Luft dann, wenn sie viel *Wasserdampf* enthält. Wenn die Luft sich aber ordentlich abkühlt, kann sie nicht mehr soviel Wasserdampf enthalten – und dieser überschüssige Wasserdampf *kondensiert* in Form vieler kleiner Wassertröpfchen.
Nebel bildet sich vor allem nachts im Herbst und im Frühling, denn dann sind die Temperaturunterschiede zwischen Tag und Nacht recht groß. Nebel entsteht meist zuerst in Talsenken, weil kühle Luft immer nach unten sinkt.

Warum bildet sich in und über Industriestädten häufiger *Nebel* als anderswo?

Nebel entsteht, wenn ein Teil des in der Luft enthaltenen Wasserdampfs zu kleinen Wassertröpfchen *kondensiert*. Dieser Vorgang kann beschleunigt werden, wenn in der Luft Rauch und andere Verunreinigungen vorhanden sind, die dann als *Kondensationskeime* dienen. Diese gesundheitsgefährdende Art des Nebels wird wie im Englischen als *„Smog“* bezeichnet (aus smoke = Rauch und fog = Nebel).

An manchen Herbst- und Wintertagen ist draußen alles von einer glitzernden Eisschicht bedeckt. Wie kommt es dazu?

Wenn Wald und Flur über Nacht auf eine Temperatur unter 0 °C abkühlen, dann gefrieren die von der abgekühlten Luft ausgeschiedenen sehr kleinen Wassertröpfchen zu Eiskristallen: dem *Reif*.

Regenwetter schlägt vielen Menschen aufs Gemüt – dabei ist der *Regen* doch lebensnotwendig. Wo kommt er eigentlich her?

Ständig verdunstet in der Natur Wasser. Daher enthält die Luft immer eine gewisse Menge *Wasserdampf.* Wenn sich wasserdampfreiche Luft beim Aufsteigen in die Atmosphäre mehr und mehr abkühlt, dann wird der Dampf teilweise in Form sehr kleiner *Wassertröpfchen* ausgeschieden, er *kondensiert.* Auf diese Weise bilden sich *Wolken*. Wenn die Wolken immer schwerer werden, fallen die Wassertröpfchen schließlich als *Regen* zur Erde.

Ein *Hygrometer* ist ein Gerät zur Messung der *Luftfeuchtigkeit.* Es zeigt auf einer Skala an, wie trocken oder wie feucht die Luft im Moment ist. Wie funktioniert es?

Viele Hygrometer sind sehr einfach aufgebaut: In ihrem Inneren sind Menschenhaare gespannt – denn das menschliche Haar dehnt sich bei Zunahme der Luftfeuchtigkeit immer weiter aus. Daher sind die Haare an einem Ende an einer Spiralfeder angebracht, die mit einem Zeiger verbunden ist. Bei einer Zu- oder Abnahme der Luftfeuchtigkeit verändert daher der Zeiger seine Stellung und zeigt auf einer Skala den jeweiligen Wert an.

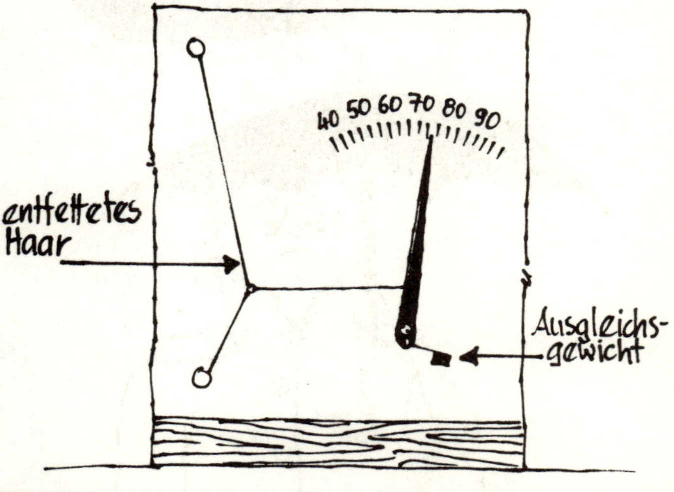

Mit Gesang gegen Nebelschwaden – ein feuchtfröhliches Duschbad kann Wunder wirken: *Im Bad* wird der Schlaf vertrieben

Wer noch nicht so richtig wach ist und sich unter die *Dusche* stellt, dem kann ein feuchtes Malheur passieren: Die aufgedrehte Dusche entgleitet der Hand und macht sich selbständig. Als einziger Trost bleibt die Erfahrung, daß man auf der Jagd nach dem wild herumwirbelnden Duschkopf wenigstens endlich hellwach geworden ist. Warum eigentlich führt der Duschkopf diese wilden Tanzbewegungen auf?

Der *Rückstoß* treibt den Duschkopf vorwärts. Der Kraft des mit viel *Druck* spritzenden Wassers entspricht nämlich eine entgegengesetzte Kraft – denn jede Kraft verursacht eine Gegenkraft. Der Duschkopf saust also immer in die dem Wasserstrahl entgegengesetzte Richtung. Und weil er an einen Schlauch „gefesselt" ist und auch die Erdanziehung auf ihn wirkt, dreht und wendet er sich in einem fort. Wenn man den Schlauch in geringem Abstand vom Duschkopf festhält und der Wasserstrahl dabei nach unten gerichtet ist, kann man bei richtiger Einstellung des Wasserdrucks erreichen, daß der Duschkopf in der Luft schwebt – die nach unten wirkende *Erdanziehungskraft* und der nach oben wirkende Rückstoß sind dann gleich groß und heben sich gegenseitig auf.

Wer morgens in einem kühlen bis kalten Badezimmer unter die warme *Dusche* steigt, riskiert erstens eine Erkältung und zweitens, daß er den Überblick verliert: Bald breitet sich im Bad nämlich dichter *Nebel* aus. Warum?

Direkt beim heißen Wasser aus der Dusche erwärmt sich die Luft und wird mit *Wasserdampf* angereichert. Diese Luft kühlt sich aber sofort wieder ab, so daß all der schöne Dampf in Form kleiner Wassertröpfchen *kondensiert*. Nach einem ausgiebigen heißen Duschbad in einem kalten Raum kann es also vorkommen, daß alle Gegenstände – auch das Badetuch – triefend naß sind.

Wer schon morgens unter der Dusche eine Arie schmettert, der ist bestimmt sehr guter Laune. Warum wird eine solche gute Laune durch das Hören des eigenen Gesangs oft noch weiter gesteigert?

Der eigene Gesang hört sich im Badezimmer so voll und kräftig an wie sonst kaum an einem anderen Ort. Die Töne werden nämlich von den nahen Wänden mehrmals *reflektiert* und dadurch verstärkt; außerdem wirkt jeder Ton auf diese Weise länger nach. Beim Singen in freier Natur zum Beispiel entfleuchen die Töne in alle Himmelsrichtungen, vielleicht ohne besonderen Eindruck hinterlassen zu können.

Es gibt kleine und große Badewannenkapitäne, die brauchen in der Wanne ihr ganz spezielles Spielzeug. Warum aber „klebt“ so ein Schiffchen hartnäckig am Strahl des einlaufenden Wassers – eigentlich müßte es doch abgetrieben werden?

Nach einem physikalischen Gesetz ist der *Druck* einer Flüssigkeit um so geringer, je größer ihre *Geschwindigkeit* ist. Im Strahl des einfließenden Wassers herrscht also ein *Unterdruck*, darum wird ein Schiffchen vom Druck des umgebenden Wassers an diesen Strahl gedrückt.

Warum ist es lebensgefährlich, einen *Haarfön* zu benutzen, solange man in der Badewanne sitzt?

Wenn der *elektrische Strom* aus einer Steckdose durch den menschlichen Körper fließt, bedeutet dies meist den sicheren Tod. Der elektrische Strom sucht sich stets den kürzesten Weg zur Erde – wenn man ihm dazu die Gelegenheit gibt. Wenn man also selbst auf der Erde steht, wird der Strom durch den Körper abfließen, sobald er Verbindung zum Körper hat. Aus diesem Grund sind *Elektrogeräte* gut isoliert: Wenn man sie anfaßt, kommt man normalerweise nicht in Kontakt zum Strom im Inneren des Gerätes. *Wasser* aber leitet den elektrischen Strom – und daher wird bei nassen Elektrogeräten der Strom an der Isolierung vorbei nach außen geleitet – mit tödlichen Folgen.

Wer im Badezimmer Haken für Handtücher anbringen will, tut sich meistens nicht schwer: Die Wände sind mit Fliesen versehen, und darauf haften Haken mit Saugnäpfen ganz ohne Klebstoff – warum eigentlich?

Drückt man einen solchen *Saughaken* gegen eine Fliese, so entweicht aus dem Saugnapf fast die ganze Luft. Der Gummi des Saugnapfes ist aber elastisch und will daher wieder seine ursprüngliche Form einnehmen – dabei entsteht im Inneren ein *Unterdruck*. Der *Druck* der umgebenden Luft hält den Haken also fest an der Wand. Dies klappt aber nur, wenn der Gummi luftdicht an die Fliese gedrückt ist. Hat die Fliese zum Beispiel einen Riß, durch den Luft unter den Saugnapf dringen kann, ist es vorbei mit dem Unterdruck, und der Haken fällt sofort herab – auch wenn kein Handtuch daran hängt.

Das eine Badetuch ist doch so gut wie das andere – oder nicht? Warum aber kann man sich mit einem Badetuch aus *Frotteestoff* am schnellsten abtrocknen?

In das Gewebe des Frotteestoffs sind zusätzlich nach außen stehende Stoffschlingen eingearbeitet. Auf diese Weise wird die feuchtigkeitsaufnehmende Oberfläche des Badetuchs stark vergrößert. Bei manchen Frotteestoffen sind die Schlingen besonders fest, wodurch beim Abtrocknen zusätzlich ein Massageeffekt entsteht.

Da wird's sogar dem Teebeutel schwindelig – wenn Morgenmuffel *Frühstück* machen

Beim Kaffeekochen nehmen es manche Leute sehr genau. Ihnen schmeckt Kaffee dann besonders gut, wenn er nach ihrer eigenen Methode aufgebrüht wird. Sie verwenden zum Beispiel besonders feinporiges *Filterpapier.* Was aber tut man, wenn Filterpapier mit größeren und kleineren Poren durcheinandergemischt wurde? Wie kann man herausfinden, welches Papier feinporiger ist, ohne eine Lupe zu Hilfe nehmen zu müssen?

So geht's am schnellsten: Man taucht die Ränder zweier Filterpapiere ins Wasser und beobachtet, was geschieht. In beiden steigt nun Wasser in die Höhe, im feinporigen aber höher als im Papier mit größeren Poren. Die *Adhäsionskraft* läßt jeweils das Wasser hochsteigen; und diese Adhäsionskraft ist um so größer, je kleiner und feiner die Poren im Papier sind.

Glücklich ist, wer eine *Kaffeemaschine* hat. Da muß man nur Kaffeepulver und Wasser einfüllen, und nach kurzem Warten duftet der fertige Kaffee aus der Kanne. Wie funktioniert eine Kaffeemaschine?

Eine Haushaltskaffeemaschine ist recht einfach aufgebaut: Wasser wird durch eine elektrische Heizung so erhitzt, daß es durch den *Dampfdruck* im Wasserbehälter in einem Steigrohr aufsteigt und auf das in einem Filterbehälter befindliche Kaffeepulver fließt. Bei diesem *Aufbrühverfahren* werden die aromatischen Stoffe aus dem Kaffee gelöst, und die Kaffeeflüssigkeit fließt in einen Behälter, während der Kaffeesatz von einem Filter zurückgehalten wird.

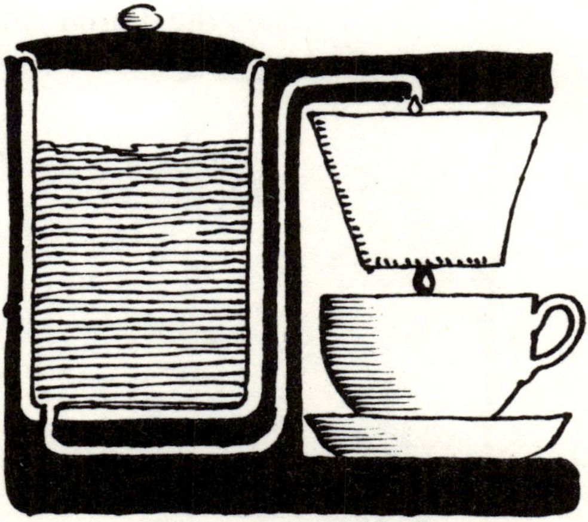

Warum bleibt, nachdem man den Kaffee aus der Kanne in die Tasse gegossen hat, immer ein *Tropfen* Kaffee an der Kanne hängen?

Zwischen Kanne und Kaffee wirkt die Kraft der *Adhäsion.* Beim Ausgießen aus der Kanne sind die nach unten gerichteten Kräfte der *Schwerkraft* und der *Kohäsion* (das ist das Bestreben der Tropfen, eng zusammenzubleiben) weit größer als die Haftkraft der Adhäsion. In dem Moment, in dem das Ausgießen beendet wird, ist für den „letzten" Tropfen die Adhäsionskraft bestimmend: Er bleibt an der Kanne haften und rinnt meist eher außen hinunter, bevor er wie seine Vorgänger den direkten Weg beschreitet und herabfällt.

Warum fließt keine Milch aus einer *Dose*, in die man nur ein Loch gedrückt hat?

Die Luft außen und die Luft in der Dose haben den gleichen *Druck*. Und dieser von allen Seiten gleichmäßig wirkende Druck verhindert, daß Milch ausfließt. Beim Herausfließen würde im Doseninneren ein *Unterdruck* entstehen, denn die Luft im Doseninneren müßte dann einen größeren Raum ausfüllen – schließlich kann keine Luft zum Druckausgleich ins Innere gelangen. Erst wenn man ein zweites Loch in die Dose drückt, kann die Milch problemlos herausfließen: Das zweite Loch sorgt dann für gleichbleibenden Druck in der Milchdose.

Mancher schwört darauf, Tee im *Glas* aufzubrühen. Das geht nicht immer gut: Nach ein paar Sekunden zerspringt das Glas – warum?

Glas leitet *Wärme* nicht sehr gut. Deshalb erwärmt sich die Glasinnenseite sehr stark, während der äußere Teil des Glases zunächst noch seine bisherige Temperatur beibehält. Glas dehnt sich aber bei Erwärmung aus. Und durch die Ausdehnung der inneren, heißen Glasschicht entsteht zur äußeren Schicht eine große *Spannung*, die das Glas zerspringen läßt. Es gibt aber auch spezielles, hitzebeständiges Glas, in das man gefahrlos heiße Flüssigkeiten einfüllen kann.

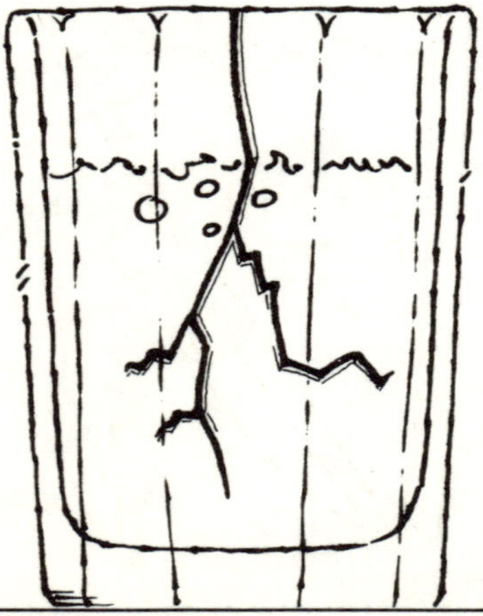

Warum zerspringt ein nicht hitzebeständiges *Glas*, in das man kochend heißes Wasser gießt, dann meistens nicht, wenn sich ein metallener *Löffel* im Glas befindet?

Der Löffel nimmt einen großen Teil der *Hitze* auf und leitet sie in seinen Stiel weiter. Dadurch wird verhindert, daß sich die innere Glasschicht zu sehr erwärmt und ausdehnt und dadurch das Glas zerspringt.

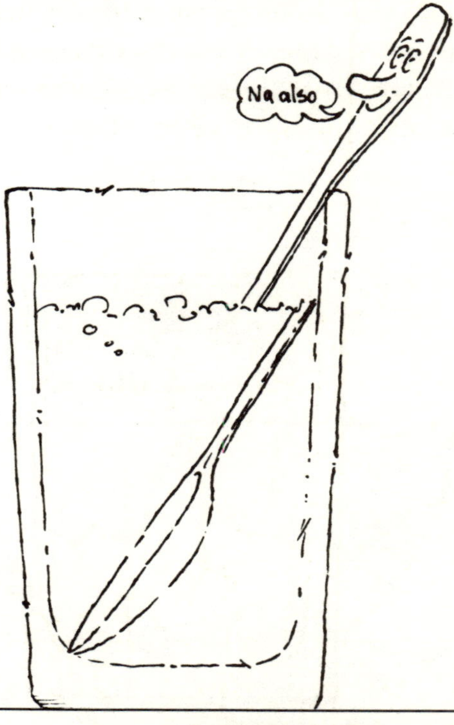

Tee läßt sich sehr einfach und schnell zubereiten: einen *Teebeutel* in eine Tasse, kochendes Wasser darüber und dann ein paar Minuten ziehen lassen. Wenn man den Teebeutel dann wieder aus der Tasse hebt, dreht er sich einige Male – warum?

Der *Faden* am Teebeutel besteht aus dünnen, spiralförmig gewickelten Baumwollfasern. Diese Fasern saugen sich voll Wasser und werden dabei dikker. Die nun dickeren Fasern brauchen mehr Platz und drücken deshalb aneinander – wodurch der spiralförmige Faden sich auseinanderzudrehen beginnt.

Viele Leute süßen ihren Tee gern mit *Kandiszucker.* Im Inneren mancher Kandiszuckerstückchen befindet sich ein feiner Zwirnsfaden. Wo kommt dieser Faden her? Hat man etwa bei der Herstellung des Kandiszuckers schlampig gearbeitet?

Kandiszuckerstücke sind große *Zuckerkristalle*, die aus einer sehr zuckerigen Lösung gewonnen werden. Am schnellsten bilden sich diese Kristalle, wenn sie sich an einen anderen Körper, einen *Kristallisationskeim*, anlagern können. Deshalb hängt man dünne Schnüre in die Zuckerlösung, um die dann die Kandiszuckerstücke „wachsen".

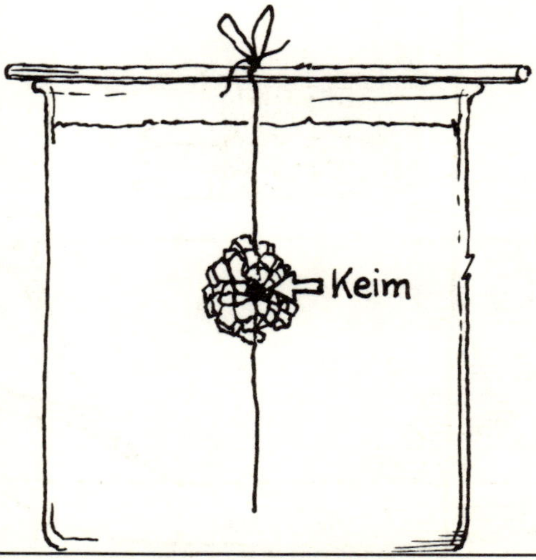

Wenn man *Salz* oder *Zucker* ins Wasser gibt, sind beide bald nicht mehr zu sehen – wohin sind sie verschwunden?

Daß Salz oder Zucker im Wasser nicht wirklich verschwinden, davon kann man sich überzeugen, indem man das Wasser kostet: Es schmeckt salzig oder eben süß. Diese beiden Stoffe verschwinden also nicht, sondern sie lösen sich auf. Dabei schieben sich die Wasserteilchen zwischen die winzigen Bestandteile von Salz oder Zucker, und diese sind so klein, daß sie nicht mehr gesehen werden können.

Warum löst sich Zucker in warmen Geträn
viel schneller auf als in kalten?

In warmen *Flüssigkeiten* bewegen sich die einzelnen Teilchen viel schneller als in kalten. Daher können sich diese Teilchen auch schneller zwischen die Zuckerteilchen schieben und den *Zucker* auflösen.

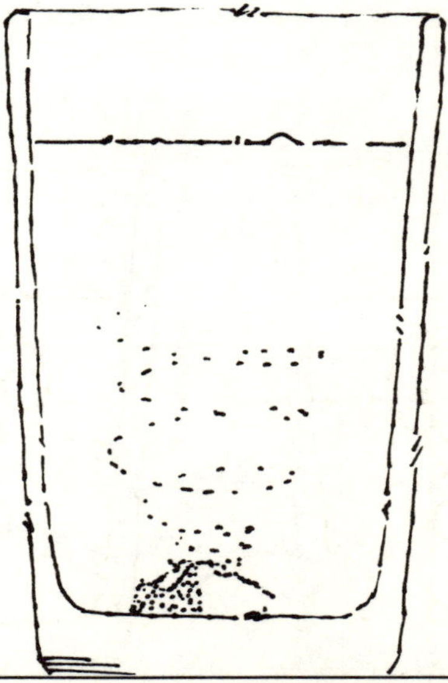

Im Kühlschrank liegen ein paar Eier – und alle sind noch roh. Wenn man jetzt nur wüßte, welches der Eier am frischesten ist!

Legt man die Eier in einen wassergefüllten Topf, so kann man leicht erkennen, welches noch frisch und welches schon (zu) viele Tage „auf dem Buckel“ hat: Ein frisches Ei liegt flach auf dem Topfboden, ein weniger frisches aber stellt sein dickeres Ende leicht in die Höhe. An diesem Ende des Eis befindet sich nämlich im Inneren eine kleine *Luftkammer*, die sich im Laufe der Tage und Wochen vergrößert und das dicke Eiende bald schwimmen läßt. Durch die Eischale hindurch findet ein ständiger *Luftaustausch* statt – wobei Wasser aus dem Innern verdunstet und die Luftkammer immer größer wird. Wenn ein Ei einen Monat alt ist, kann es passieren, daß es im Wassertopf senkrecht auf seinem dünneren Ende „steht“.

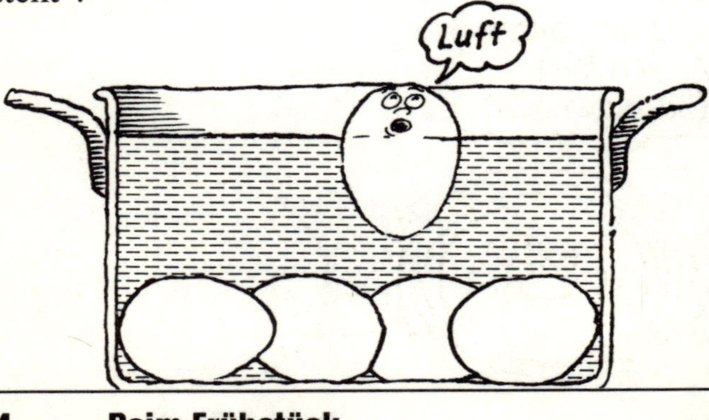

Ein gekochtes *Ei* noch einmal zu kochen, das ist keine besonders gute Idee, und gut schmecken würde ein solches Frühstücksei auch nicht. Wie aber kann man herausfinden, ob ein Ei noch roh oder schon gekocht ist?

Am einfachsten kann man dies feststellen, indem man das Ei dreht: Ein gekochtes Ei wird sich sehr viel länger drehen als ein rohes. Bei einem gekochten Ei wird die Drehbewegung nämlich sofort auch von dem mit der Schale fest verbundenen Inhalt ausgeführt. Bei einem rohen Ei dagegen bleibt das flüssige Innere durch seine *Trägheit* noch einen Moment in Ruhe. Dadurch tritt zwischen Schale und Eiinnerem eine starke *Reibung* auf, die die Drehbewegung abbremst.

Ob ein *Ei* roh oder gekocht ist, kann man auch auf eine andere Art feststellen. Man dreht das Ei und bremst die *Drehbewegung* dann mit dem Finger kurz ab. Warum bleibt ein gekochtes Ei nach dem Abbremsen ruhig liegen – ein rohes aber dreht sich immer noch weiter?

Bei einem gekochten Ei ist das Innere fest mit der Schale verbunden – es wird also genauso wie die Schale abgebremst. Bei einem rohen Ei dagegen dreht sich der flüssige Inhalt auch nach dem Abbremsen und gibt seine Drehbewegung weiter, sobald der Finger von der Schale genommen wird.

Wer es morgens eilig hat, dem kommt es schon beim Frühstück auf jede Minute an. Er versucht vielleicht, sein Frühstücksei besonders schnell zu kochen, indem er die Herdplatte auf die höchste Stufe dreht. Warum ist das reine Energieverschwendung, bei der das Ei keine Sekunde früher fertiggekocht ist?

Auch wenn die Herdplatte noch so stark erhitzt wird und schon rotglühend ist: *Wasser* kann nicht heißer werden als 100 °C. Bei dieser *Temperatur* wird Wasser nämlich gasförmig und verwandelt sich in Dampf. Es spielt also keine Rolle, ob Wasser stark kocht oder nur leicht vor sich hin sprudelt – das Ei wird in beiden Fällen mit derselben Temperatur gekocht.

Warum sticht man mit einer Nadel ein kleines Loch in ein *Ei*, bevor man es kocht?

Auf diese Weise verhindert man, daß das Ei beim Kochen aufplatzt. Im Inneren des Eis – am flacheren Ende – befindet sich nämlich eine kleine luftgefüllte Kammer. Die Luft dehnt sich beim Erhitzen aus, und der so entstehende *Überdruck* würde die Eischale aufsprengen. Wenn man aber ein Loch in die Schale sticht, kann die Luft entweichen – beim Kochen steigen dann kleine Bläschen vom Eiende auf.

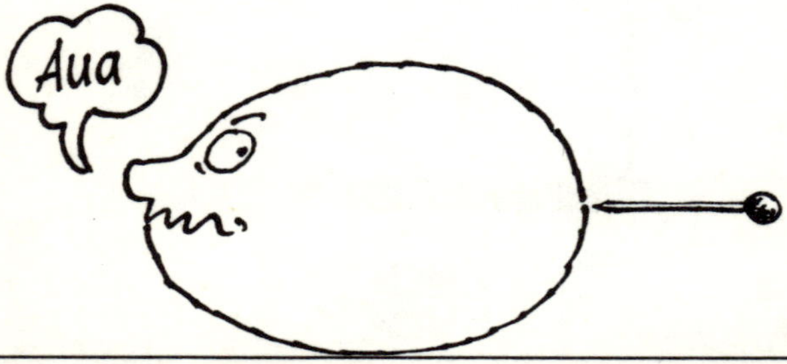

Auf einem *Gasherd* läßt sich Wasser besonders schnell erhitzen. Wer aber zu ungeduldig ist, dem kann es passieren, daß die Flamme schnell wieder erlischt: Der *Reglerknopf* muß nämlich eine Zeitlang gedrückt werden, damit Gas ausströmen kann. Wie funktioniert dieser Sicherungsmechanismus?

Die Gaszuleitung zum Brennerkopf auf dem Herd ist durch ein *Ventil* verschlossen. Dieses kann durch das Drücken des Knopfes geöffnet werden. Das Ventil bleibt offen, sobald am Brennerkopf eine bestimmte Temperatur erreicht ist; dann wird nämlich in einem Thermoelement ein schwacher Strom erzeugt, der das Ventil durch einen Elektromagneten geöffnet hält. Beim Erkalten fließt kein Strom mehr, und das Ventil schließt sich wieder. So wird verhindert, daß durch unverbranntes Gas in der Küche Explosionsgefahr entsteht.

Wer hin und wieder *Wasser* kocht, kann schon am *Geräusch* erkennen, wann das Wasser zu kochen beginnt. Warum gibt Wasser beim Erhitzen Geräusche von sich, und warum sind diese recht unterschiedlich?

In Wasser können nicht nur *feste Stoffe*, wie Zucker oder Salz, sondern auch *Gase* gelöst sein. In kaltem Wasser befindet sich immer auch ein wenig Luft, die beim Erhitzen in Form von Blasen aufsteigt. Warmes Wasser kann nämlich weniger Gas aufnehmen als kaltes. Wenn das Wasser erhitzt wird, bilden sich zunächst nur am Topfboden kleine Blasen, was als eine Art Summen zu hören ist. Beim weiteren Erhitzen steigen die Blasen auf und lösen sich im kühleren Wasser auf, was sich wie ein Rauschen anhört. Das Rauschen läßt nach, wenn die Blasen bis zur Oberfläche steigen und das Wasser kocht. Zu hören ist dann ein leises Plätschern.

In der morgendlichen Eile (und auch sonst im Verlauf des Tages) kann es schon mal passieren, daß *Wasser* verschüttet wird. Woran liegt es, daß in einem Fall das Wasser innerhalb weniger Minuten restlos verschwunden ist (ohne daß jemand mit einem Küchentuch nachgeholfen hat), in einem anderen Fall selbiges aber nur durch Aufwischen erreicht werden kann?

Manche Küchenmöbel sind an den Kanten abgerundet. Wenn verschüttetes Wasser bis hin zu so einer Kante schwappt, fließt ein Teil sofort hinunter auf den Fußboden. Die *Kohäsion* (die Anziehungskraft zwischen den Wassermolekülen, den winzigen Wasserbestandteilen) bewirkt nun aber, daß sämtliches Wasser über die runde Kante „nachgezogen" wird. An einer nicht abgerundeten Kante aber wird die Anziehungskraft zwischen den Wasserteilchen unterbrochen – zurück bleibt eine Wasserlache. Übrigens: Auch im ersten Fall ist das Wasser natürlich nicht vollkommen verschwunden – wovon man sich mit einem Blick auf den Fußboden überzeugen kann.

Fällt ein dicker *Wassertropfen* auf ein Zeitungsblatt, so entsteht dort ein kreisrunder Fleck. Warum aber breitet sich der Fleck nicht gleichmäßig aus, sondern bekommt bald eine längliche Form?

Das Zeitungspapier besteht aus sehr feinen *Fasern*, die alle ungefähr in gleicher Richtung nebeneinanderliegen. In diesen Fasern kann sich das Wasser viel schneller ausbreiten als quer zu den Fasern. In der Richtung der Fasern saugt sich das Papier also rascher mit Wasser voll.

Warum bleiben Flüssigkeiten in einer *Thermosflasche* besonders lange heiß?

Eine Thermosflasche besteht aus einem doppelwandigen Glasbehälter. Der *Hohlraum* zwischen den Wänden ist luftleer gepumpt, damit keine Wärme über die Luft weitergeleitet werden kann. Außerdem sind die Innenwände glänzend versilbert, damit auch kein Wärmeverlust durch Wärmestrahlung entstehen kann. Die doppelwandige Glasflasche ist manchmal noch von einer Korkschicht umgeben und steht gefedert in einer Ummantelung aus Kunststoff.

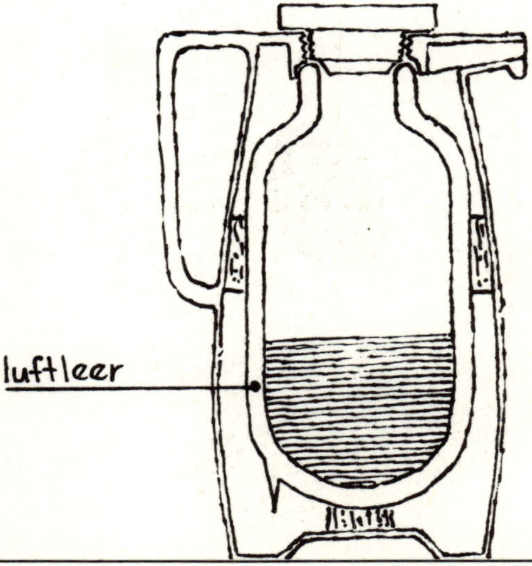

Ohne Zähneknirschen durch knirschenden Schnee – *auf dem Schulweg* gibt's so manches zu entdecken

Warum ist es draußen auf einmal merkwürdig ruhig, wenn es ausgiebig geschneit hat?

Das liegt nur zum Teil daran, daß weniger Menschen oder Autos unterwegs sind. Tatsächlich „verschluckt" frischgefallener *Schnee* den *Schall.* Er hat nämlich viele kleine Zwischenräume, in denen sich der Schall verliert und nicht wie sonst reflektiert wird. Wenn der Schnee aber nach einiger Zeit dichter zusammengepreßt liegt, ist von seiner schallschluckenden Wirkung nicht mehr viel übrig: Die *Schallwellen* werden von der nun viel glatteren Oberfläche wie gewohnt reflektiert.

Wenn man auf *Schnee* geht, hört sich das nicht immer gleich an. Warum gibt Schnee beim Gehen manchmal ein helles, knirschendes *Geräusch* von sich?

Schnee schmilzt, wenn man auf ihn drückt. Wenn der Schnee aber sehr kalt ist (kälter als etwa $-20°C$), schmilzt er nicht mehr durch den *Druck*, der beim Gehen auf ihm lastet. Dann reibt der Schnee „trocken“ aneinander, was als knirschendes Geräusch zu hören ist.

Das geht wohl nicht mit rechten Dingen zu: Im Winter – bei Temperaturen so um 0° C herum – taut der *Schnee* an manchen Stellen eines Gehwegs sehr schnell ab, während eine direkt benachbarte Stelle noch nach Tagen schneebedeckt ist. Der ganze Gehweg wird ungefähr gleich lang von der Sonne beschienen, und nirgendwo wird Salz gestreut. Warum kommt es zu diesem Unterschied?

Es ist die *Sonneneinstrahlung*, die diesen Unterschied verursacht. Zwar bescheint sie hier alle Flächen gleich, doch wird ihre *Wärmestrahlung* nicht überall gleich stark *reflektiert*. Der weiße Schnee reflektiert die Wärmestrahlung sehr gut; doch wenn irgendwo auf dem Gehweg nur eine sehr kleine Stelle schon schneefrei ist, dann wird die Wärmestrahlung vom dunklen Untergrund aufgenommen und natürlich an den umgebenden Schnee weitergegeben. Dadurch beginnt der Schnee hier zu schmelzen, woraufhin eine noch größere Gehwegfläche Wärme erst aufnehmen und dann weitergeben kann. Dunkle Gegenstände nehmen die Wärmestrahlung nämlich auf, während sie von weißen zurückgeworfen wird.

Auf asphaltierten Gehwegen kann man mitunter Sonderbares entdecken: Da sprießt ein Löwenzahn – oder ein anderes Pflänzlein – direkt aus dem Asphalt heraus. Wo kommt denn der her? Hat er etwa auf diesem harten Untergrund Wurzeln geschlagen – oder hat er gar den Asphalt von unten her durchbohrt?

Fast immer kommt ein solches Pflänzchen direkt aus dem Untergrund. Wenn sich dort ein Samenkorn befindet und zu keimen beginnt, entwickelt es im Inneren einen hohen *Druck* und dehnt sich aus, so daß sogar eine Asphaltdecke gesprengt wird.

Wenn einem der *Wind* gehörig um die Ohren pfeift, dann möchte man irgendwo Schutz suchen. Warum hat es keinen Sinn, sich auf die windabgewandte Seite einer Litfaßsäule zu stellen?

Der Wind bläst dort genauso heftig wie auf der windzugewandten Seite. Der Luftstrom wird vom *Luftdruck* direkt an die Rundung gepreßt und erhöht dort sogar noch seine Geschwindigkeit. Direkt nach dem runden Hindernis fließen die *Luftströme* wieder zusammen.

Wer sich mit einem *Fahrrad* auf den Weg macht, dessen *Reifen* nur halb aufgepumpt sind, verbraucht mehr Energie als nötig – warum?

Je weniger Luft in einem Fahrradreifen ist, desto platter liegt er auf dem Boden auf. Er nimmt also auf dem Boden eine größere Fläche ein. Je größer aber die Berührfläche zwischen zwei Dingen ist, um so größer ist auch die *Reibung* zwischen ihnen. Der Reifen rollt also nicht so leicht, wenn er nur halb aufgepumpt ist.

Wer sich mit dem *Fahrrad* auf den Weg zur Schule macht, muß darauf achten, daß sein Gefährt bei Dunkelheit gut beleuchtet ist. Den für Lampe und Rücklicht nötigen Strom liefert beim Fahrrad ein *Dynamo.* Jedoch: Bei näherem Betrachten muß man feststellen, daß nur ein Kabel vom Dynamo zur Lampe und zum Rücklicht führt. Wie ist das möglich? Wenn Strom fließen soll, muß doch ein Strom*kreis* vorhanden sein. Was also ist mit dem zweiten Kabel passiert?

Im Inneren des Dynamos wird *Strom* erzeugt. Dieser Strom fließt über das meist unten am Dynamo angebrachte Kabel zur Lampe. Und dort fließt er über Glühfaden und Fassung der Birne ins Lampengehäuse, von dort über die metallene Fahrradgabel und die Dynamohalterung zurück in das kleine Elektrizitätswerk.

Warum erwärmt sich eine *Luftpumpe*, wenn man einen Fahrradreifen aufpumpt?

Im Inneren der Pumpe wird die Luft zusammengepreßt und so ihr *Druck* erhöht. Bei dieser Druckerhöhung erwärmt sich aber die Luft, und diese Wärme überträgt sich auf die Pumpe.

Kufen → Eis → Wasser

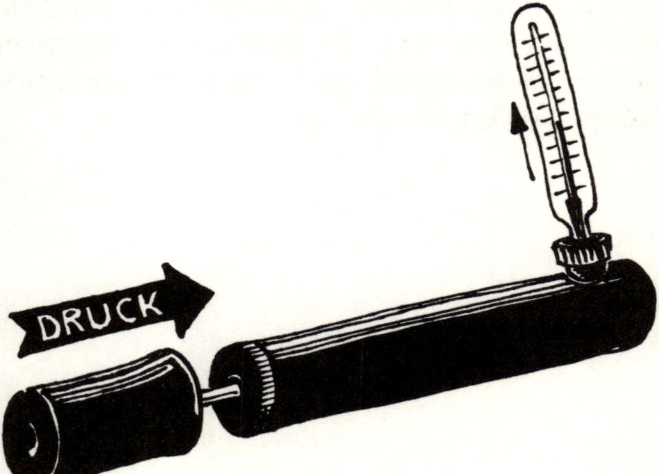

Wenn man beim Fahrradfahren möglichst wenig Energie verbrauchen will, wäre es also am besten, ganz dünne und harte Reifen zu verwenden, die beim Rollen nur einen sehr geringen Reibungswiderstand haben? Warum verwendet man trotzdem immer noch *luftgefüllte Reifen*?

Eine möglichst geringe *Reibung* ist nicht immer das wichtigste beim Fahrradfahren. Luftgefüllte Reifen *dämpfen* nämlich sehr gut Stöße, die beim Fahren über Steine und Rinnen unvermeidlich sind. Ein luftgefüllter Reifen kann sich verformen und nimmt durch den *Luftdruck* in seinem Inneren sofort wieder seine ursprüngliche Form an. Wer dagegen mit einem Rennrad, das sehr harte und kaum federnde Reifen hat, über einen Stein fährt, darf sich nicht wundern, wenn danach die Felge verbogen ist: Der Schlag wird hier ungedämpft weitergegeben.

Es ist schon merkwürdig: Manchmal sieht ein Weg oder eine Straße wie ein Waschbrett aus – eine *Querrinne* reiht sich an die andere. Warum entstehen offenbar immer da neue Querrinnen, wo schon andere vorhanden sind?

Durch ein Schlagloch oder eine Querrinne gerät ein darüberfahrendes Auto in *Schwingung* – und übt deshalb auf eine Stelle kurz nach dem Loch oder der Rinne einen erhöhten *Druck* auf die Fahrbahn aus. Auf diese Weise entstehen immer neue Vertiefungen – bis die Fahrbahn einem Waschbrett ähnelt.

Wer mit seinem Fahrrad durch ein *Schlagloch* fährt, dem helfen auch die dicksten Reifen nicht: Er wird kurz und kräftig durchgeschüttelt, und außerdem findet sich hinterher in der Felge eine ordentliche Delle. Da kann man sich schon ärgern über die schlampige Arbeit der Straßenbauer, oder wo sonst kommen solche Löcher im Straßenbelag her?

Schlaglöcher entstehen vor allem am Ende des Winters. An manchen Stellen unter der Fahrbahn sammelt sich nämlich irgendwann *Wasser* an, das dann während der kalten Wintertage zu Eis gefriert. Wasser dehnt sich aus, wenn es zu *Eis* wird, und hebt dadurch den Fahrbahnbelag ein kleines Stück an.

Entweder bricht der Belag an dieser Stelle schon jetzt, spätestens aber dann, wenn Tauwetter einsetzt und das Eis wieder schmilzt. Denn nun entsteht ein kleiner Hohlraum – und dem Gewicht der darüberrollenden Fahrzeuge kann der „freischwebende“ Fahrbahnbelag nicht lange standhalten. Es dauert bei einem solchen *Frostaufbruch* dann nur kurze Zeit, bis die Autoreifen das lose Material beiseite geschleudert haben und ein tiefes Schlagloch ausgehöhlt ist.

Heutzutage wird beim Straßenbau meistens ein Unterbau aus Kies und Sand angelegt, in dem sich kein Wasser ansammeln kann. Daher treten Frostaufbrüche meist nur noch bei Nebenstraßen auf, bei denen die Teer- oder Bitumendecke ohne Unterbau auf das befestigte Erdreich aufgebracht wurde.

Gut gekühlt über
die Straßenrutschbahn –
zum Glück sind nicht nur
Rennfahrer *im Auto*
unterwegs.

Warum beschlagen an einem kalten Morgen in einem Auto die *Scheiben*?

Die warme und feuchte Atemluft kühlt sich an den kalten Scheiben ab und läßt Wasserdampf *kondensieren*, der sich in Form kleiner Wassertröpfchen an der Scheibe niederschlägt. Wird dann aber das Lüftungsgebläse eingeschaltet, streicht wärmere und recht trockene Luft über die Scheiben und läßt die Feuchtigkeit wieder verdunsten – so daß bald klare Sicht nach allen Seiten herrscht.

Warum ist *Regenwetter* für Autofahrer besonders gefährlich?

Durch das Wasser auf der Straße vermindert sich die *Reibung* zwischen Reifen und Fahrbahn. Wenn besonders viel Wasser auf der Fahrbahn ist, zum Beispiel in tiefen Spurrillen, kann sich bei höherer Geschwindigkeit sogar eine Art Wasserkeil unter die Reifen schieben, der das Lenken und Bremsen unmöglich macht. Diese gefährliche Erscheinung bei Regenwetter nennt man *Aquaplaning.*

Warum sieht der dünne Wasserfilm, der trotz laufendem Scheibenwischer auf der Frontscheibe eines Autos bleibt, manchmal *farbig* aus?

Diese Erscheinung kann man nur sehen, wenn man von außen auf die Scheibe schaut. Das auf die Glasscheibe auftreffende Licht wird zum Teil auf der Wasserschicht zurückgeworfen, zum Teil durchdringt es den Wasserfilm und wird dann erst von der Glasscheibe reflektiert. *Licht* besteht aber aus sehr kurzen *Wellen*, wobei jede Farbe eine andere Wellenlänge hat. Und weißes Sonnenlicht „beinhaltet" Wellen aller Farben. Die von der Wasserschicht und von der Glasscheibe zurückgeworfenen *Lichtwellen* überlagern sich; dabei werden manche Wellen (also Farben) verstärkt, andere wiederum werden ausgelöscht. Deshalb erkennt man auf der Frontscheibe ganz verschiedenfarbige Flächen.

Warum kann ein Autofahrer bei dichtem *Nebel* auch dann nicht weiter sehen, wenn er die *Scheinwerfer* einschaltet?

Die *Lichtstrahlen* durchdringen die feinen Wassertröpfchen, aus denen der Nebel besteht, nicht geradlinig, sondern werden von ihnen in alle möglichen Richtungen abgelenkt. Viele werden auch zurückgeworfen, so daß man bei eingeschaltetem Fernlicht eher noch geblendet wird – anstatt weiter sehen zu können.

Warum wählen im Winter viele Autofahrer für die *Reifen* ihres Fahrzeugs einen Luftdruck, der ein wenig unter dem vom Hersteller empfohlenen Wert liegt?

Sie vergrößern auf diese Weise die Aufliegefläche der Reifen und damit auch die *Reibung* zwischen Reifen und Fahrbahn. Das ist aber kein sinnvolles Verhalten, denn viel mehr als auf die Aufliegefläche kommt es – vor allem im Winter – bei Reifen auf das *Profil* an. Zudem verschlechtert sich bei einem Fahrzeug mit zu niedrigem *Reifendruck* die Straßenlage deutlich, und die Reifen nutzen sich schneller ab.

Alle Straßen sind ein wenig uneben, manche sind sogar so wellig, daß man sie als „Buckelpisten" bezeichnen kann. Wie werden bei einem Auto die Stöße durch solche Unebenheiten aufgefangen?

Ein Teil der Unebenheiten wird durch die luftgefüllten Reifen aufgefangen. Größere Stöße hingegen werden von sehr starken, zusammendrückbaren *Federn*, die sich bei den Rädern befinden, abgeschwächt. Damit das Auto nicht ins Hüpfen gerät, wenn sich die Federn nach einem Stoß wieder ausdehnen, wird die Federkraft von meist mit einer Flüssigkeit gefüllten, stangenförmigen *Stoßdämpfern* aufgefangen.

Glasscherben können schlimme Schnittverletzungen verursachen. Bei Auffahrunfällen entstehen manchmal die schwersten Verletzungen durch eine zerbrochene *Windschutzscheibe.* Auf welche Weise versuchen die Autohersteller seit einigen Jahren, diese Verletzungsgefahr zu vermindern?

Sie bauen Windschutzscheiben aus *Sekuritglas* ein. Dieses hat den Vorteil, daß es gleichmäßig in viele kleine Bruchstücke zersplittert, die nicht so scharfkantig sind.
Darüber hinaus haben heute moderne Autos eine Frontscheibe aus *Verbundglas.* Verbundglas besteht aus mindestens zwei Glastafeln, zwischen denen sich eine Kunststoffolie befindet; an dieser bleiben bei einem Schlag die Splitter haften, so daß die Beschädigung auf den Einschlagbereich begrenzt bleibt. Damit wird die Verletzungsgefahr für die Insassen gering gehalten, und eine freie Sicht ist noch möglich.

Warum kann die Polizei die *Geschwindigkeit* eines Autos bei Kontrollen sehr genau feststellen?

Meistens werden bei solchen Geschwindigkeitskontrollen *Lichtschranken* verwendet. Dabei wirft ein Gerät zwei Lichtstrahlen in kurzem Abstand nacheinander quer über die Fahrbahn. Dieses *Radargerät* registriert, wenn ein Auto an der ersten dieser Lichtschranken vorbeifährt, und auch, wann es den zweiten Lichtstrahl passiert. Aus dem Abstand zwischen beiden Lichtschranken und der Zeit, die das Auto von einer zur anderen benötigt hat, kann in Sekundenbruchteilen errechnet werden, wie schnell das Auto gefahren ist.

Ein Automotor darf nicht zu heiß werden, daher wird er – meist mit Wasser – gekühlt. Manchmal sieht ein sorgsamer Autofahrer während einer längeren Fahrt nach, ob noch genügend Wasser im Kühler ist, und schraubt den Kühlerdeckel ab. Dabei kann es passieren, daß eine Fontäne kochenden Wassers aus dem Kühler schießt. Warum braucht sich der Autofahrer trotzdem keine Sorgen über den Zustand des Motors machen?

Das *Kühlwasser* steht unter einem *Überdruck*. Damit wird der Siedepunkt des Wassers angehoben, und es verdampft erst bei einer Temperatur von zum Beispiel 120 °C statt sonst bei 100 °C. Auf diese Weise ist das Kühlwasser eben auch noch bei höheren Temperaturen vorhanden und kann seinen Dienst versehen. Erreicht wird der Überdruck durch die Wärmeausdehnung des Wassers und der Luft im geschlossenen Kühlsystem und durch ein spezielles Ventil am Verschluß, das sich erst bei einem bestimmten Druck öffnet. Wenn allerdings der Deckel abgeschraubt wird, fällt der Druck natürlich sofort ab, und das über 100 °C heiße Wasser verdampft.

Warum schaltet sich bei vielen Autos bei langsamer Fahrt immer wieder unter der Motorhaube ein *Ventilator* an?

Bei langsamer Fahrt kann es vorkommen, daß dem *Kühlwasser* im *Kühler* nicht mehr genügend Wärme entzogen wird – denn auf diesen trifft dann nicht sehr viel Fahrtwind auf. Um eine zu starke Erhitzung des Kühlwassers (und damit auch des Motors) zu verhindern, wird bei einer bestimmten Wassertemperatur ein Ventilator eingeschaltet, durch den zusätzlich Luft an den Kühler geführt wird.

Wenn man auf eine Brücke über der Fahrbahn zufährt, scheinen Teile des Brückengeländers mal heller, mal dunkler zu sein – warum?

Eine Brücke hat meist zwei *Geländer*, auf jeder Seite eines. Die Stäbe dieser Geländer befinden sich – aus einer Entfernung betrachtet – nicht immer genau hintereinander. Dort, wo sie aus dem Blickwinkel des Betrachters nebeneinander zu stehen scheinen, wirkt das Geländer viel dunkler als dort, wo sich die Stäbe des hinteren Geländers hinter denen des vorderen zu verbergen scheinen. Weil sich beim Näherkommen der Blickwinkel ständig verändert, scheinen die dunklen Flächen auf dem Geländer hin und her zu wandern. Ein solches Muster aus sich überlagernden Linien nennt man übrigens *Moiré*.

Wenn man mit dem Fahrrad oder im Auto an einem Lattenzaun vorüberfährt, kann man recht genau erkennen, was sich dahinter tut. Wer aber direkt vor dem Zaun steht, sieht nur noch eine lange Reihe von Zaunlatten. Wie ist dieser Unterschied zu erklären?

Beim Entlangfahren an einem *Lattenzaun* kommt man recht schnell an den Spalten zwischen den Latten vorbei. Bei jeder Spalte erfaßt das Auge für einen kurzen Moment ein Bild von den Gegenständen hinter dem Zaun, und diese vielen *Einzelbilder* verschmelzen wie bei einem *Film* zu einem Gesamtbild. Wenn sich die Augen auf die weiter entfernten Dinge hinter dem Zaun eingestellt haben, nimmt man die Latten im Vordergrund nur noch als graue, durchsichtige Fläche wahr.

Eine *Brücke* ist meist ein ziemlich stabiles Gebilde; da möchte man doch meinen, daß sie durch Fußgänger nicht so leicht zum Einsturz gebracht werden kann. Tatsächlich aber gelingt das einer Gruppe Fußgänger viel leichter als etwa ein paar Dutzend Autos. Wie ist das möglich?

Wenn die Fußgängergruppe (und dabei muß es sich schon um eine recht große Gruppe handeln) im Gleichschritt über die Brücke marschiert, kann es passieren, daß die *Eigenschwingung* der Brücke verstärkt wird – und dadurch die Brücke zum Einsturz gebracht wird. Durch das Aufstampfen wird der Brücke zwar nur sehr wenig *Energie* zugeführt, doch die Gleichmäßigkeit dieses Vorganges kann zur Folge haben, daß diese Energie gewissermaßen gespeichert wird und sich in ihrer Wirkung laufend verstärkt – bis die Brücke tatsächlich in solche Schwingungen versetzt wird, daß ihre Baufestigkeit in große Gefahr gerät. Darum ist es zum Beispiel Soldaten verboten, im Gleichschritt über eine Brücke zu marschieren.

Auf Baustellen sieht man oft eigenartige Fahrzeuge, zum Beispiel Bagger und Planierraupen. Warum fahren Planierraupen eigentlich nicht auf Rädern?

***P**lanierraupen* sind sehr schwer. Das liegt daran, daß sie mit viel schwerem Metall sehr stabil gebaut sind und einen großen, schweren Motor haben. Planierraupen befördern meist schwere Dinge: Bauschutt zum Beispiel oder eine gewaltige Menge Erde. Planierraupen bewegen sich vor allem auf ziemlich weichem Untergrund: auf lehmigen Baustellen zum Beispiel. Wenn ihr ganzes Gewicht nur über die kleine Auflagefläche von vier Rädern auf den Untergrund *drücken* würde, dann würden sie meist ins Erdreich einsinken. Darum soll sich ihr Gewicht verteilen: auf die gesamte Fläche der *Gleisketten*, auf denen sie sich bewegen. Diese Gleisketten (die man auch *Raupen* nennt) werden von den Rädern der Planierraupe angetrieben. Auch andere Fahrzeuge (wie zum Beispiel Panzer), die sehr schwer sind und sich auf morastigem Untergrund fortbewegen können müssen, bewegen sich auf Gleisketten vorwärts und verteilen so den *Auflagedruck* auf eine größere Fläche.

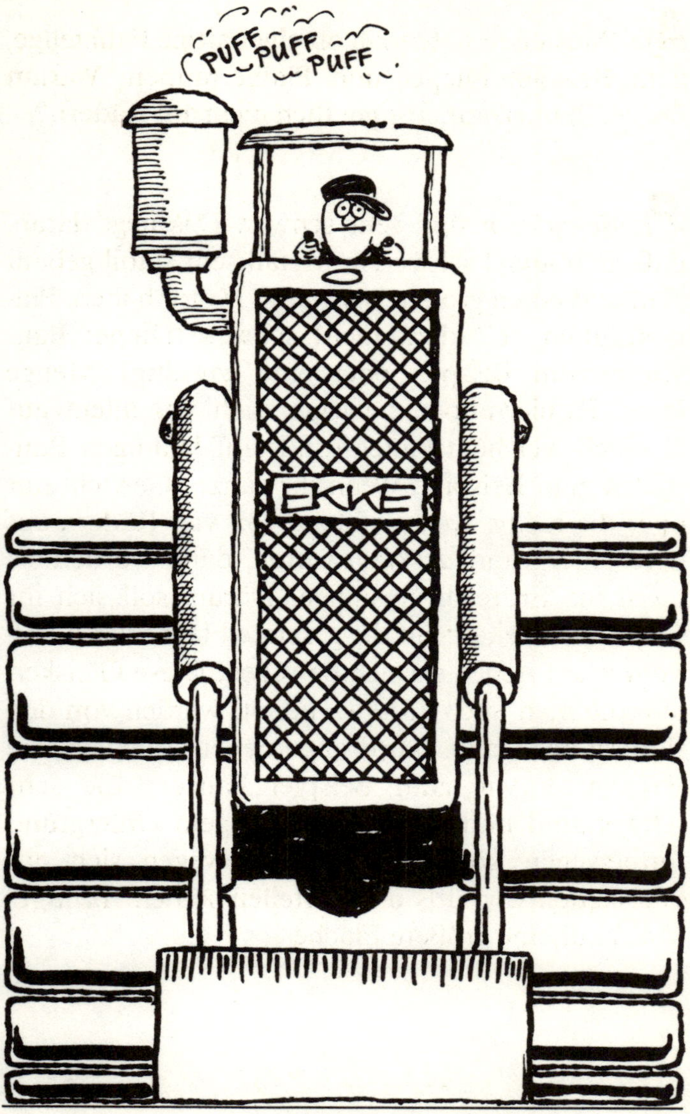
PUFF PUFF PUFF
EKKE

Von quietschender Kreide und tropfender Tinte – wie man *in der Schule* aufs Kreuz gelegt wird

Warum kann man mit einem *Kugelschreiber* nicht schreiben, wenn man ihn aufrecht – mit der Spitze nach oben – hält?

*I*m Inneren des Kugelschreibers befindet sich eine *Mine*, die mit einer tintenähnlichen Schreibpaste gefüllt ist. Diese Paste fließt normalerweise nach unten auf die kleine Metallkugel des Kugelschreibers. Beim Schreiben wird die Paste von dieser beweglichen Kugel auf das Papier gedrückt, und neue Schreibpaste fließt nach. Wenn aber das vordere Ende des Kugelschreibers nach oben gehalten wird, fließt die Tintenpaste nach hinten, und schon nach ein paar geschriebenen Buchstaben hat die Schreibkugel keinen Nachschub mehr – der Kugelschreiber „streikt".

Beim Schreiben fließt ständig *Tinte* von einer *Füllerfeder.* Warum fließt sie nicht auch dann von der Feder, wenn man den Füller nur in der Hand hält?

Die Kraft der *Adhäsion* bewirkt, daß die Tinte an der Feder haftenbleibt. Die Adhäsion bewirkt aber auch, daß die Tinte beim Schreiben auf dem Papier haftet. Weil aber auch die kleinen Tintenteile aneinander haften (durch die Kraft der *Kohäsion*), „zieht" die aufs Papier geschriebene Tinte ständig weitere Tinte von der Feder herunter. Nur durch diese Haftkräfte entsteht das Fließen der Tinte.
Wenn man etwa auf einem Stoff zu schreiben versucht, auf dem die Tinte nicht gut haftet (zum Beispiel Plastik), bleibt die Tinte an der Feder. Sie bleibt auch dann an der Feder haften, wenn man den Füller ohne zu schreiben in der Hand hält. Die nach unten wirkende *Schwerkraft* ist dann geringer als die Adhäsion.

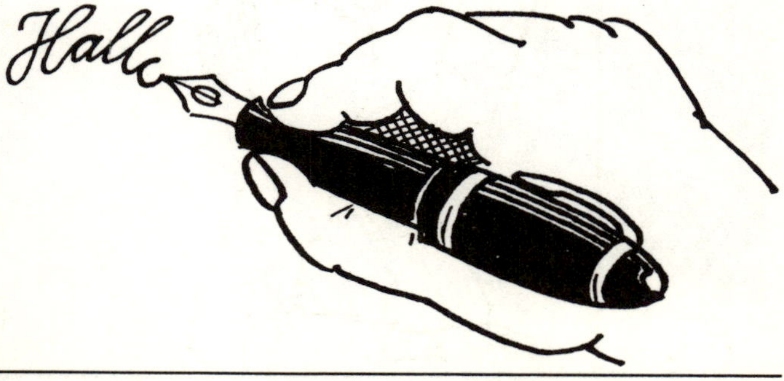

Warum quietscht *Kreide* beim Schreiben auf der Tafel manchmal so unangenehm?

Beim Schreiben bleibt normalerweise eine Kreideschicht an der Tafel haften. Wenn das Kreidestück aber nicht richtig festgehalten oder in einer bestimmten Schräglage angesetzt wird, beginnt es auf der Tafel zu gleiten und gleichzeitig zu vibrieren. Durch diese *Schwingungen* wird ein unangenehm quietschendes Geräusch erzeugt. Erst wenn die *Reibung* zwischen Tafel und Kreide wieder zunimmt, haftet die Kreide wieder und kann nicht mehr quietschen.

In der Physikstunde will der Lehrer einen Versuch vorführen, bei dem es laut knallen wird. Warum rät er den Schülern, den Mund offen zu halten?

Jedes Geräusch breitet sich in Form von *Schallwellen* aus. Diese Schallwellen versetzen das *Trommelfell* in unseren Ohren in *Schwingungen* – erst dadurch können wir ein Geräusch hören. Bei einem sehr lauten Knall könnte das Trommelfell durch zu großen Druck der Schallwellen verletzt werden. Durch den geöffneten Mund kommt es aber zu einem *Druckausgleich* zwischen den beiden Seiten des Trommelfells – dann kann es nicht mehr auf gefährliche Weise nur einseitig belastet werden.

Warum kann man mit Hilfe eines *Mikroskops* sogar winzig kleine Dinge betrachten?

Die wichtigsten Teile eines einfachen Mikroskops sind zwei *Sammellinsen.* Durch diese Linsen dringen Lichtstrahlen, die von einer kleinen Lampe oder einem Spiegel auf einen sehr kleinen Gegenstand geworfen werden. Die erste Linse – *Objektiv* genannt – sammelt diese Strahlen in einem *Brennpunkt.* Nach diesem Brennpunkt streben die Strahlen aber wieder auseinander, so daß nach einer bestimmten Strecke ein vergrößertes Bild des Gegenstandes entsteht. Dieses vergrößerte Bild wird durch eine zweite Linse – das *Okular* – betrachtet. Dieses Okular wirkt wie eine *Lupe.* Im Grunde ist ein Mikroskop eine Art Mischung aus einem Diaprojektor und einer Lupe: Eine durch Licht erzeugte Abbildung wird durch eine Linse noch einmal vergrößert.

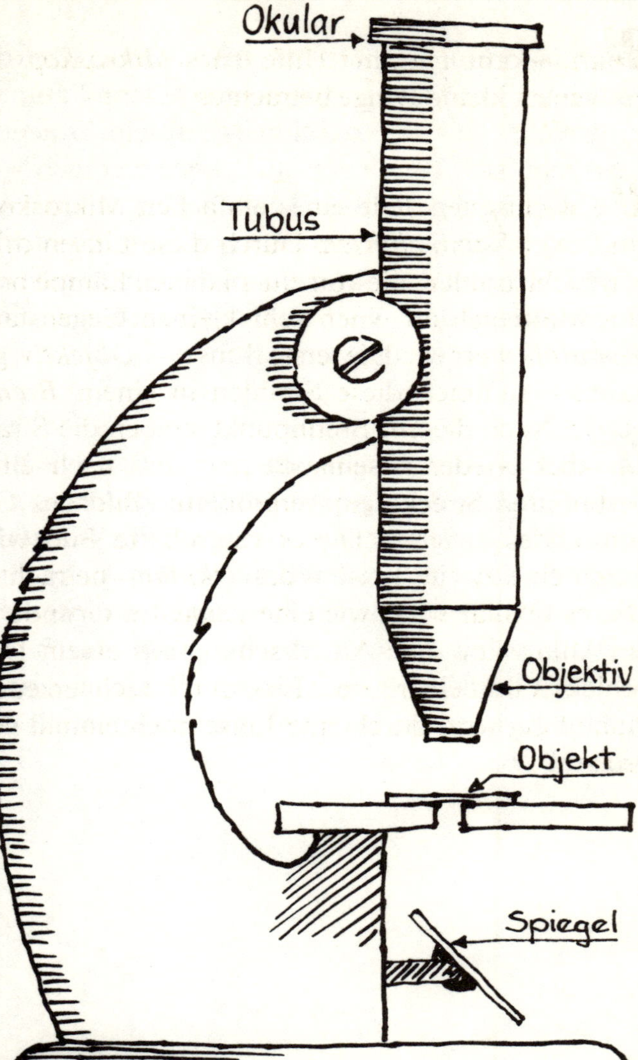
Okular
Tubus
Objektiv
Objekt
Spiegel

Beim Sportunterricht ist es oft wichtig, daß der Fußboden mit Matten ausgelegt ist. Dann kann ein Sturz nicht mehr ganz so schmerzhaft sein. Trotzdem kann man sich bei einem Sturz noch ziemlich weh tun. Manche Spezialisten kennen aber einen Weg, um die ärgsten Schmerzen zu vermeiden: Sie schlagen im Moment des *Aufpralls* mit beiden Armen auf den Mattenboden. Warum tun sie sich auf diese Weise offenbar weniger stark weh?

Durch das Aufschlagen mit den Armen wird die *Kontaktfläche* des Körpers mit dem Boden vergrößert. Dadurch verteilt sich eben auch die Wucht des Aufpralls auf eine größere Fläche; der Aufprall ist also an den verschiedenen Körperstellen nicht mehr so schmerzhaft. Daneben wird wohl durch das Schlagen der Körper auf federnde Weise abgestützt und möglicherweise auch gedreht, was ebenfalls den Aufprall abschwächt.

Wenn ein *Ball* geworfen oder geschlagen wird, beschreibt er manchmal eine eigenartig gekrümmte Bahn. Ein anderer Spieler hat dann Mühe, den Ball zu fangen oder zurückzuschlagen. Wie kommt es zu diesen Ball-Kapriolen?

Der Ball wird so geworfen oder geschlagen, daß er sich im Flug schnell dreht. Durch die vorbeistreichende Luft erfährt er einen „seitlichen *Auftrieb*“: Auf einer Seite – die sich in die Flugrichtung dreht – bremst seine rauhe Oberfläche den Luftstrom. Dadurch entsteht hier ein *Überdruck* gegenüber der auf der anderen Seite schneller vorüberstreichenden Luft – mit zunehmender Luftgeschwindigkeit nimmt nämlich der Luftdruck ab. Dieser Druckunterschied bewirkt, daß der Ball in Richtung des *Unterdrucks* abgelenkt wird.

Von rauchenden Köpfen und kräftigen Flaschen – wie man *in Büro und Fabrik* mit dicker Luft umgeht

In großen Bürogebäuden kann man nirgendwo mal ein Fenster öffnen. Das scheint auch gar nicht nötig zu sein: Eine *Klimaanlage* kontrolliert und dosiert immer genau die *Temperatur* und die *Luftfeuchtigkeit.* Wie funktioniert eine solche Klimaanlage?

Eine Klimaanlage besteht aus einem aufwendigen Röhrensystem, das in alle angeschlossenen Räume Luft mit einer bestimmten Temperatur und Feuchtigkeit leitet. Ein wichtiger Teil dieser Anlage ist das *Klimaaggregat*: In ihm wird die Luft (die zum Teil von außen und zum Teil aus den der Klimaanlage angeschlossenen Räumen stammt) in Glaswolleplatten gereinigt. Hernach wird die Luft in einem Kühler entfeuchtet. Bevor die so aufbereitete Luft dann durch ein Gebläse in die Räume geleitet wird, wird sie so angewärmt und befeuchtet, wie dies an einem Regler eingestellt worden ist. Aus den auf diese Weise klimatisierten Räumen fließt die „verbrauchte" Luft dann zurück zum Aggregat, wo sie wieder aufbereitet wird.

Bei vielen Erzeugnissen, die in einer Fabrik hergestellt werden, kommt es ganz besonders darauf an, daß sie völlig fehlerfrei sind. Allerdings kann man in viele Dinge – zum Beispiel in die Außenwand eines Flugzeugrumpfes – nicht hineinsehen. Wie kann auch massives Material auf Fehlerlosigkeit überprüft werden?

Zur *Materialprüfung* kann man *Röntgenstrahlen* verwenden. Diese Strahlen durchdringen auch lichtundurchlässiges Material. Wenn man einen geeigneten Hintergrund verwendet – zum Beispiel eine fotografische Platte –, dann erhält man eine Art Schattenbild von dem überprüften Material und kann darauf erkennen, ob sich zum Beispiel feine Risse im Inneren gebildet haben.

Warum ist es praktischer, die *Abgase* aus einem Fabrikschornstein mit Hilfe von elektrischem Strom zu reinigen, als einen herkömmlichen Filter einzubauen?

Ein herkömmlicher *Filter* hält die kleinen Schmutzteilchen auf. Leider ist er dadurch bald verdreckt und verstopft den Schornsteinabzug. Wenn man aber im Schornstein zwischen einem Plus- und einem Minuspol ein *elektrisches Spannungsfeld* entstehen läßt, dann werden die Staubteilchen elektrisch aufgeladen und wandern zum Minuspol. Auf diese Weise können die (gereinigten) Abgase weiterhin ungehindert nach oben entweichen.

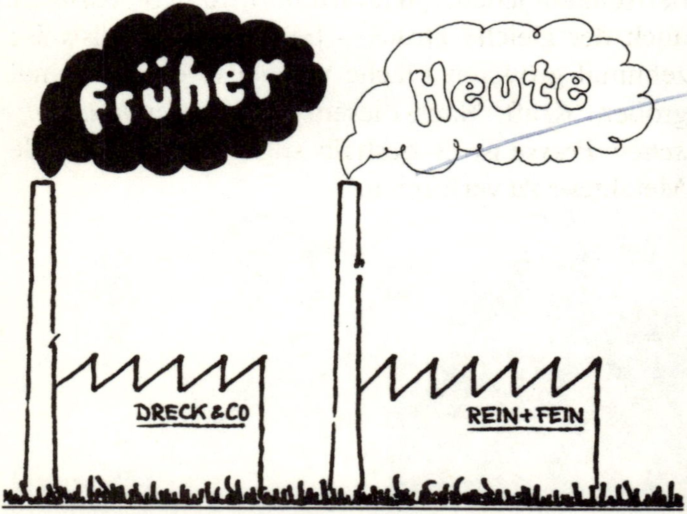

In manchen Fabriken werden schwere Stahlteile bearbeitet; sie werden gebogen oder in eine bestimmte Form gepreßt. Wie können die hierfür erforderlichen großen Kräfte erzeugt werden?

Bei der Erzeugung solcher großen Kräfte nutzt man oft den Umstand aus, daß sich *Druck* in *Flüssigkeiten* gleichmäßig ausbreitet. Wenn zum Beispiel auf das Öl in einem kleinen Zylinder über einen Kolben Druck ausgeübt wird, breitet sich dieser Druck gleichmäßig aus. Wenn das Öl über ein Rohr mit einem zweiten, größeren Zylinder verbunden ist, wird dort ein größerer Kolben nach oben gedrückt. Weil sich der Druck gleichmäßig ausbreitet, herrscht auf jedem Quadratzentimeter Kolbenfläche auch der gleiche Druck – bei einer beispielsweise zehnmal größeren Fläche wirkt also eine zehnmal größere Kraft. Nach diesem Prinzip der *hydraulischen Presse* ist es deshalb sogar möglich, stabile Metallteile zu verformen.

Schwere Lasten mit wenig Kraftaufwand anzuheben, das ist doch wohl kaum möglich?

Beim Anheben einer schweren Last macht man sich das Prinzip des *Flaschenzugs* zunutze. Die an der Last geleistete *Arbeit* ist nämlich gleich *Kraft mal Weg.* Wer also einen längeren Weg in Kauf nimmt, muß weniger Kraft aufwenden, um die gleiche Arbeit zu leisten. Beim Flaschenzug läuft ein Seil über mehrere Rollen bis hin zur anzuhebenden Last. Wenn man am anderen Ende zieht, muß man das Seil dann zwar ein gutes Stück weit bewegen, um die Last ein klein wenig anzuheben – doch muß man nur vergleichsweise wenig Kraft aufwenden. Wer also fleißig am Seil zieht, hat bald eine schwere Kiste in die Höhe befördert, die er ohne dieses Hilfsmittel keinen Zentimeter hätte anheben können.

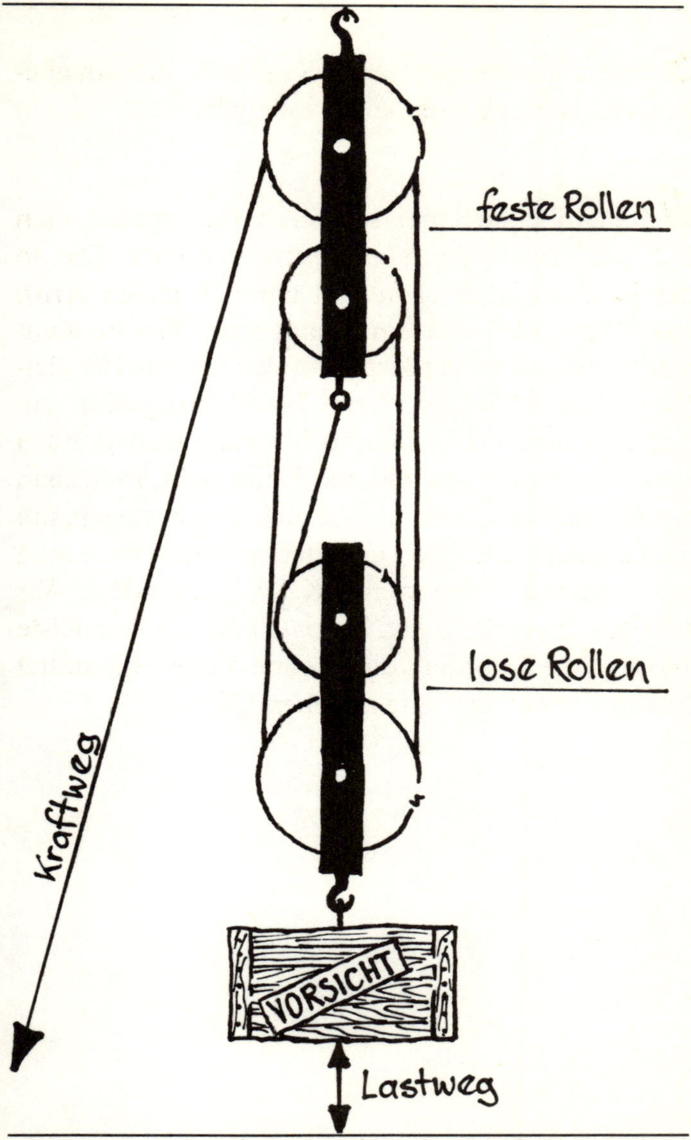
feste Rollen
lose Rollen
Kraftweg
VORSICHT
Lastweg

Mit Köpfchen geht's der Radmutter ans Gewinde und dem Auto unter die Haut – *in der Reparaturwerkstatt* wird die Luft zum Kraftprotz

Eine Reifenpanne ist eine unangenehme Sache. Da muß erst das Auto hochgebockt und dann der Reifen gewechselt werden. Das Hochbocken mit dem Wagenheber bereitet meist keine großen Schwierigkeiten, doch wenn dann die *Radmuttern* zu lockern sind, müssen viele Autofahrer passen – die Muttern sitzen einfach zu fest. Auf welche Weise kann man sich hier behelfen?

Festsitzende Radmuttern lassen sich aufdrehen, wenn man einen längeren *Hebel* verwendet. Die Hebelwirkung des verwendeten Schraubenschlüssels ist offenbar zu gering, um die Muttern zu lösen – daher muß man den Hebel verlängern, zum Beispiel mit einem Rohr. Was man nun an Kraft einspart, muß am anderen Ende des Hebels an Wegstrecke aufgewendet werden.
Dieses Prinzip macht man sich übrigens auch beim *Wagenheber* zunutze: Ein Schraubengewinde muß über einen langen Weg gedreht werden, dafür spart man viel an Kraft ein – sonst könnte man gewiß nicht allein ein schweres Auto anheben.

Wenn Autos in die Jahre kommen, dann haben sie plötzlich Löcher in ihrer blechernen Außenhaut, wo eigentlich keine sein sollten. Der Rost hat hier und da ein Stück Blech hinweggerafft – und damit alles seine Ordnung hat, sollte dort auch wieder ein Stück Blech angebracht werden. Blech aber sollte man doch nicht einfach ankleben, oder?

***S**chweißen* heißt die Lösung für das löchrige Gefährt. Beim Schweißen werden zwei Teile eines metallenen Werkstoffs durch starkes *Erhitzen* zusammengefügt. Dabei werden die Nahtstellen durch einen *Schweißbrenner* so erhitzt, daß sie zu schmelzen beginnen und beim Zusammendrücken ineinanderfließen.
Neben dieser herkömmlichen Form des Schweißens mit einer Flamme gibt es einige andere Anwendungen: zum Beispiel mit elektrischem Strom oder mit Hilfe von chemischen Reaktionen. Auch ist es möglich, bestimmte Kunststoffe auf ganz ähnliche Weise miteinander zu verschweißen.

Bei einem Auto fallen viele Arbeiten an, zu denen man das Fahrzeug anheben muß, um an bestimmte Bereiche am besten heranzukommen. In der Autowerkstatt scheint das ganz einfach zu sein: Das schwere Gefährt steigt auf einer *Hebebühne* problemlos in die Höhe. Dabei muß offenbar nicht erst ein starker Motor angeworfen werden, der diesen Kraftakt bewerkstelligt – nur ein Zischen ist zu hören. Wird das Auto etwa durch *Luftdruck* in die Höhe gewuchtet?

Tatsächlich wird bei einer solchen Hebebühne *Druckluft* verwendet, um das Auto anzuheben. Diese Luft drückt in einem kleinen Zylinder auf eine Ölflüssigkeit. Diese Flüssigkeit ist über eine Leitung mit einem zweiten, größeren Zylinder verbunden und drückt dort einen Kolben nach oben, auf dem das Auto ruht. Ausgenutzt wird hierbei, daß sich *Druck in Flüssigkeiten* gleichmäßig fortpflanzt. Auf jedem Quadratzentimeter der nach oben drückenden Ölflüssigkeit herrscht also der gleiche Druck wie auf einem Quadratzentimeter der durch die Druckluft nach unten gedrückten Flüssigkeit. Wenn aber der zweite Zylinder um einiges größer ist als der erste, dann ist auch insgesamt die nach oben wirkende *Kraft* größer – so kann man mit vergleichsweise geringem Aufwand sogar ein schweres Auto anheben.

Wer schon einmal einen *Reifen* gewechselt hat, dem ist vielleicht aufgefallen, daß an der Felge ein kleines Bleigewicht angebracht ist. Welche Aufgabe hat dieses Gewicht?

Ein Reifen ist zwar rund und sieht auch rundherum ganz gleich aus – trotzdem gibt es kleine Gewichtsunterschiede zwischen den Seiten eines Reifens. Solche kleinen Gewichtsunterschiede vervielfachen sich beim Schnellfahren und können einen Reifen regelrecht zum Flattern bringen. Um die Fahrsicherheit zu erhöhen, wird vor der Montage eines Reifens dessen *Unwucht* gemessen. Dazu wird der Reifen samt Felge sehr schnell gedreht. Die Gewichtsunterschiede werden dann durch das Anbringen eines entsprechendes Bleigewichts ausgeglichen. Das bezeichnet man als *Auswuchten*.

Das für den Automotor so wichtige *Kühlwasser* ist in einem Behälter untergebracht, der nicht besonders stabil aussieht. Seine Außenhaut besteht aus sehr vielen Ecken und Kanten und scheint aus recht dünnem Blech gearbeitet zu sein. Warum wählt man für diesen Zweck nicht einen stabileren und kompakteren Behälter?

Das Kühlwasser muß die dem Motorblock entzogene Wärme abgeben können, sonst wird es selbst zu heiß und kann seine Aufgabe nicht mehr erfüllen. Daher fließt das Wasser durch einen Behälter, der meist ganz vorne in Fahrtrichtung angebracht ist. Dieser Behälter, der *„Kühler“*, muß eine möglichst große Oberfläche haben, um rasch viel Wärme an die Luft, den Fahrtwind, abgeben zu können. Die große Oberfläche wird erreicht durch eine Vielzahl von Lamellen und Windungen, die alle sehr dünnhäutig sind, denn schließlich sollen diese Wände nicht isolieren, sondern die Wärme möglichst ungehindert abgeben.
Ein Automotor darf nicht zu heiß werden, sonst könnte er Schaden nehmen. Um eine zu starke Erhitzung zu verhindern, wird der Motor mit *Wasser* gekühlt. Das Wasser umspült bestimmte Bereiche des Motors und entzieht ihm dabei Wärme.

Wie kann man auf einfache Weise feststellen, bis zu welcher Minustemperatur die Kühlflüssigkeit eines Automotors gegen Gefrieren geschützt ist?

Wenn das *Kühlwasser* im Winter bei tiefen Temperaturen einfriert, kann es natürlich seine Aufgabe, den Motor zu kühlen, nicht mehr erfüllen. Darum wird dem Kühlwasser ein *Gefrierschutzmittel* beigemischt, das den *Gefrierpunkt* herabsetzt. Wenn während des Sommers Wasser nachgefüllt wurde, sollte man im Herbst nachprüfen, wie tief der Gefrierpunkt der Kühlflüssigkeit ist. Dazu verwendet man eine einfache *Schwimmwaage*. Das ist ein kleiner Glaskörper, der unten beschwert ist und oben eine Skala besitzt. Ein Körper schwimmt dann, wenn sein Gewicht gleich dem Gewicht der von ihm verdrängten Flüssigkeit ist. Die *Dichte* der Kühlflüssigkeit nimmt aber immer mehr ab, je mehr Gefrierschutzmittel in ihr enthalten ist. Dann sinkt auch der Glaskörper tiefer in die Flüssigkeit ein und ragt nur noch mit einem Teil der Skala aus ihr heraus – so kann man genau ablesen, wie tief der Gefrierpunkt liegt, und Gefrierschutzmittel hinzugeben, wenn er zu hoch liegt.

Mit pochendem Herzen einen Menschen durchschauen – *beim Arzt* kommt es auf den richtigen Durchblick an

Warum legt der Arzt bei einer Untersuchung manchmal einen Finger auf den Brustkorb seines Patienten und klopft dann mit einem Finger der anderen Hand darauf?

Der Arzt erzeugt auf diese Weise *Schall*, wobei der Brustkorb als *Resonanzkörper* dient. Je nachdem, in welchem Zustand sich zum Beispiel die Lunge befindet, entstehen unterschiedliche *Töne*. Das ist ungefähr vergleichbar mit dem Klopfen an eine leere oder an eine gefüllte Flasche – auch hier entstehen unterschiedliche Töne. Die verschiedenen Töne kann ein erfahrener Arzt richtig deuten und wird vielleicht weitere Untersuchungen anstellen.

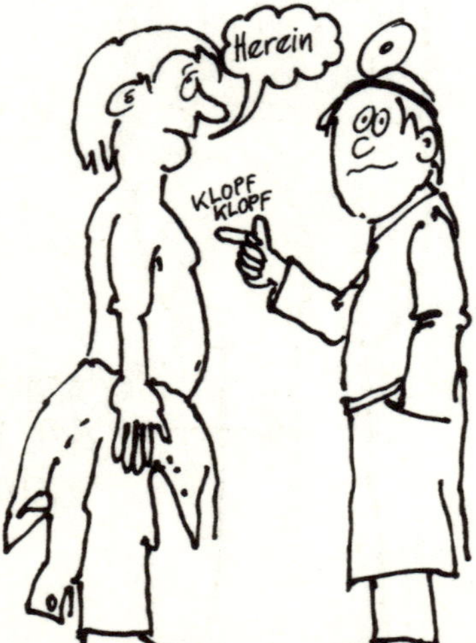

Warum kann man am Handgelenk den *Puls* tasten?

In den vom Herzen wegführenden Blutgefäßen, den *Arterien*, herrscht ein bestimmter Druck. Dieser Druck wird bei jedem Herzschlag für kurze Zeit erhöht. Wenn man leicht gegen eine Arterie drückt, spürt man diese Druckerhöhung am Finger. Man tastet meist am Handgelenk den Puls ab, denn hier verläuft die Arterie in der Nähe der Haut – also relativ weit „außen“.

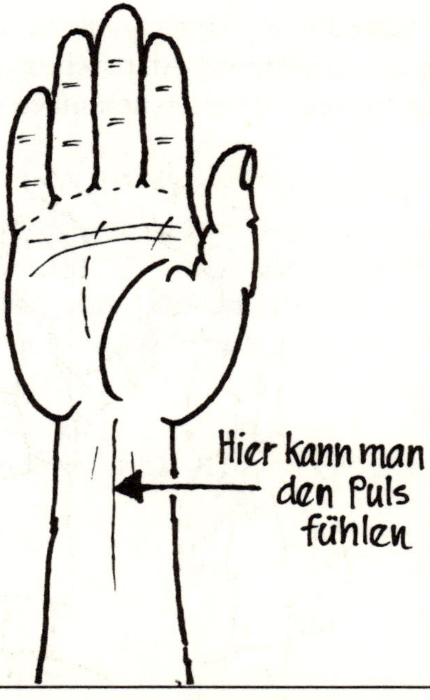

… *Blutdruckmessen* verwendet mancher Arzt … *tethoskop*, das ist eine Art Hörrohr. Warum kann er den Blutdruck „hören“?

In den vom Herz herkommenden Blutbahnen, den *Arterien*, herrscht ein bestimmter Grunddruck, *Diastole* genannt. Bei jedem Herzschlag wird dieser Druck einen Augenblick lang erhöht: Dieser erhöhte Druck wird *Systole* genannt.
Der Arzt preßt am Oberarm die Arterie mit einer aufblasbaren Manschette ab. Sobald der Druck dieser Manschette geringer wird als der systolische Druck, schießt bei jedem Herzschlag Blut an der Manschettenbarriere vorbei und erzeugt in der „abgesperrten“ Blutbahn Wirbel, die mit einem Stethoskop gehört werden können. Sinkt der Manschettendruck aber unter den Druck der Diastole, dann hört der Arzt nichts mehr – denn nun sind die Arterien wieder mit Blut gefüllt, und daher entstehen keine hörbaren Wirbel mehr. Auf einem Meßgerät kann der Arzt ablesen, wann er zuerst Geräusche wahrgenommen hat und ab wann er nichts mehr gehört hat – so kann er beide Blutdruckwerte bestimmen.

Warum kann der Arzt bei einer *Ultraschalluntersuchung* das Körperinnere auf einem Bildschirm sehen, ohne daß dabei eine Kamera in den Körper eindringen muß?

Die Ultraschalluntersuchung verläuft ganz ähnlich wie die Tiefenmessung durch ein *Echolot*. Der Arzt führt ein kleines Gerät – es sieht aus wie ein kleines Bügeleisen– über die mit einem schalleitenden Gel eingeriebene Körperoberfläche. Dieses Gerät sendet für den Menschen nicht hörbare *Schallwellen* aus, die im Körperinneren von den verschiedenen Organen reflektiert werden. Dieses Echo wird vom „Bügeleisen" registriert und an einen Computer weitergeleitet, der aus ihnen ein sichtbares *Bild* aus verschiedenen Grautönen errechnet: Auf diese Weise kann der Arzt die Organe betrachten, ohne wirklich ins Körperinnere eindringen zu müssen.

Beim *Atmen* strömt Luft von außen in die Lunge und dann wieder heraus. Warum ist Atmen eigentlich so einfach?

So einfach ist das Atmen eigentlich gar nicht: Hier leisten Muskeln Arbeit – sie heben und senken den Brustkorb. Beim Heben erweitert sich der Hohlraum im Brustkorb, in dem die Lungen liegen. Dadurch entsteht ein *Unterdruck*, der von außerhalb des Körpers Luft einströmen läßt. Beim Senken des Brustkorbes entsteht dagegen ein *Überdruck*, durch den die Luft wieder aus der Lunge herausgedrückt wird.

Warum brauchen manche Menschen eine *Brille*?

Das Auge besteht unter anderem aus einer *Linse*, die ein Bild auf die innere Rückseite des Augapfels, die *Netzhaut*, wirft. Wenn der Augapfel zu lang ist, entsteht das Bild ferner Gegenstände vor der Netzhaut, und das Bild auf der Netzhaut ist nicht scharf – man sieht einen Gegenstand also nur unscharf. Ein solches kurzsichtiges Auge wird durch eine Zerstreuungslinse vor den Auge korrigiert.
Wenn der Augapfel zu kurz ist, entsteht das Bild naher Gegenstände hinter der Netzhaut. Ein solches weitsichtiges Auge wird durch eine Sammellinse vor dem Auge korrigiert, so daß auf der Netzhaut ein scharfes Bild entsteht.

Warum können Menschen sprechen, und warum klingt jede *Stimme* ein wenig anders?

Jeder Mensch hat bestimmte Sprechorgane, mit denen er Laute erzeugen kann. Zum *Sprechen* braucht man erst einmal Luft; diese Luft kommt aus der Lunge. Bevor man irgend etwas sagt, regelt das Gehirn, wieviel Luft man einatmen muß. Beim Ausatmen streicht die Luft durch den *Kehlkopf*, wo sich *Stimmbänder* befinden. Beim Sprechen werden diese Stimmbänder aneinandergedrückt, die Luft drückt sie wieder ein wenig auseinander, und die Bänder beginnen zu schwingen. Diese *Schwingung* erzeugt einen *Ton*. Die Tonhöhe ist von der Spannung der Stimmbänder abhängig – je straffer sie sind, um so höher ist der Ton. Die Lautstärke wird durch die Stärke des Luftstroms reguliert, der an den Stimmbändern vorbeistreicht.

An der Lautbildung haben verschiedene Organe Anteil: Nase, Lippen, Zähne, Zunge und Gaumen. Zum Beispiel ändern Mund und Rachen bei jedem Vokal ihre Form, und bei Konsonanten nimmt die Zunge eine ganz bestimmte Stellung ein. Wie eine Stimme klingt, hängt auch von der Form aller am Sprechen beteiligten Organe ab: Der *Resonanzkörper* für die schwingende Luft ist dadurch von Mensch zu Mensch verschieden.

1 A Stimmbänder 1m nur 1.50
Stimmbänder - so'n Quatsch! Meine Stimme entsteht durch Schwingungen der Stimmlippen des Kehlkopfes beim Ausatmen!

Wie kann der Arzt das Körperinnere genauer untersuchen, ohne dabei in den Körper eindringen zu müssen?

Ein wichtiges Hilfsmittel für den Arzt ist das *Röntgengerät.* In ihm werden *Röntgenstrahlen* ausgesandt, die den Lichtstrahlen sehr ähnlich sind. Röntgenstrahlen sind nicht sichtbar; sie durchdringen aber ansonsten undurchsichtige Stoffe und werden dabei unterschiedlich stark geschwächt. Diese Abschwächungen kann man sichtbar machen, indem man die Strahlen durch den Körper dringen und dann auf eine *fotografische Platte* wirken läßt. Auf diese Weise kann man ein *Bild* anfertigen – zum Beispiel von einem gebrochenen Knochen.

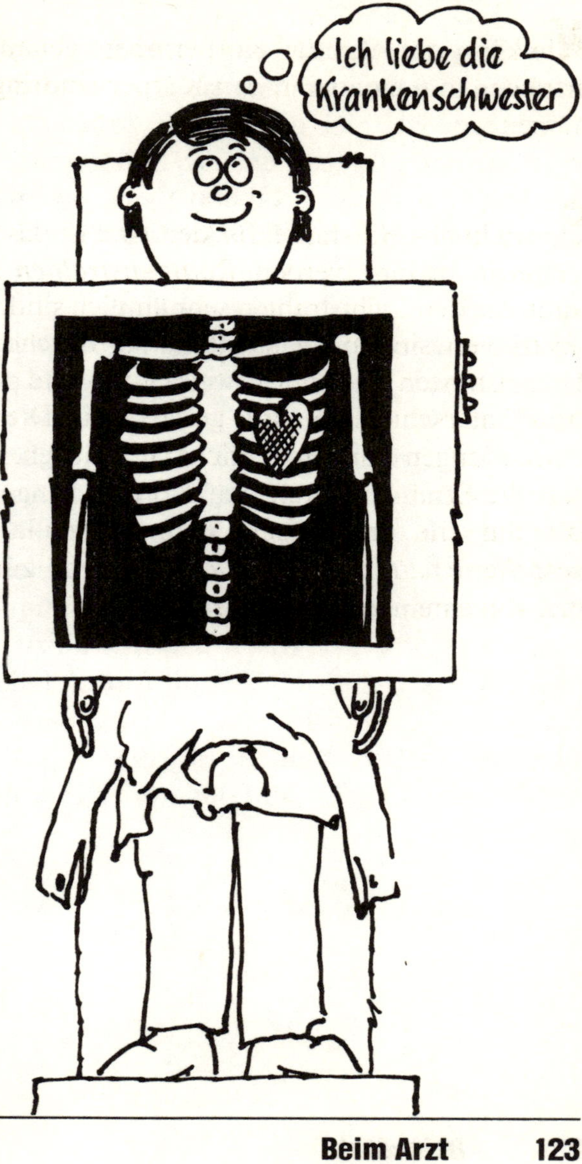
Ich liebe die Krankenschwester

Medikamente muß man meistens schlucken. Manchmal bekommt man sie aber auch direkt ins Blut: zum Beispiel durch eine *Infusion.* Warum muß das Gefäß, aus dem die Flüssigkeit mit dem Medikament in die Blutbahn fließt, eigentlich immer so hoch über dem Krankenbett hängen?

In den Blutgefäßen herrscht ein bestimmter Druck. Dieser Druck ist normalerweise höher als der Luftdruck im Krankenzimmer – daher würde das Blut ausfließen, wenn man die Blutbahn „anzapfen" würde. Wenn man also will, daß eine Flüssigkeit in die Blutbahn eindringt, muß man dieser Flüssigkeit zusätzlichen Druck geben – und das geschieht durch das Höherhängen des Gefäßes. Denn nun kommt zum *Luftdruck* der *Gewichtsdruck* hinzu. Würde nämlich das Gefäß mit der Infusionsflüssigkeit zu tief hängen, dann würde nicht die Flüssigkeit in die Blutbahn fließen, sondern umgekehrt das Blut in das Infusionsgefäß – und das wäre sicher nicht beabsichtigt.

Eine „Nebelkur“ ist bei manchen Erkrankungen der *Atmungsorgane* recht heilsam. Wie kann man auch zu Hause eine solche Behandlung durchführen?

Die einfachste Art einer solchen „Nebelbehandlung“ ist die *Dampfinhalation*: Über heißem Wasser steigt Dampf auf, indem sich durch *Kondensation* feine Tröpfchen bilden. Das Einatmen dieser Nebeltröpfchen bringt vor allem bei Erkältungen im Nasen-Rachen-Raum ein wenig Erleichterung. Oft werden dem heißen Wasser bestimmte Öle und Kamillenextrakt beigemengt, die ebenfalls verdampfen und heilend auf die betroffenen Schleimhäute einwirken.

Damit die Milch nicht ins Schwitzen gerät – wie man *beim Einkaufen* ins Rollen kommt

In Supermärkten stehen große *Kühltruhen*, in denen tiefgefrorene Waren aufbewahrt und angeboten werden. Der Kunde muß nur hineingreifen, denn die Kühltruhen sind nicht einmal mit einem Deckel versehen. Ist das nicht eine große Energieverschwendung? Wird denn nicht viel mehr elektrischer Strom verbraucht, um die Waren zu kühlen, wenn gar keine isolierende Abdeckung vorhanden ist?

Luft leitet Wärme nicht besonders gut. Darum stellt das „Luftpolster" auf einer Kühltruhe gewissermaßen eine Isolierung dar. Und was noch wichtiger ist: Kalte Luft ist schwerer als warme. Darum kann die teure Kälte gar nicht nach oben entweichen, sondern bleibt „von selbst" unten in der Truhe. Dies ist aber nur die halbe Wahrheit, denn durch Luftwirbel (zum Beispiel beim Hineingreifen) findet trotzdem ein Luftaustausch zwischen oben und unten statt; und außerdem ist zuvor schon – beim Tiefgefrieren der Waren – viel Energie benötigt worden. Dieses Tieffrieren ist aber oftmals gar nicht notwendig, denn manche Waren – wie zum Beispiel Gemüse – gibt's meist nebenan ganz frisch.

Milch ist eine Flüssigkeit. In manchen Geschäften gibt es auch *Milchpulver* zu kaufen. Wie kann man aus Milch ein Pulver herstellen?

Milchpulver wird auf die gleiche Weise hergestellt wie zum Beispiel Trockengemüse oder Suppenpulver: Man entzieht der Flüssigkeit das Wasser, indem man es *verdampfen* läßt. Normalerweise kocht Wasser erst bei einer Temperatur von 100 °C. Bei einer solchen Temperatur werden aber viele Inhaltsstoffe (zum Beispiel Vitamine) zerstört oder stark verändert. Bei niedrigem *Druck* siedet Wasser aber schon bei einer weit geringeren Temperatur. Daher wird die Milch in Unterdruckkesseln erhitzt, wobei das Wasser schon bei 20–30 °C verdampft.
Auf diese schonende Weise kann man verhindern, daß das Eiweiß gerinnt oder daß bei Gemüse oder Kartoffeln die Vitamine zerstört werden. Diesen Vorgang des Wasserentzugs nennt man *Dehydrierung*. Ein dehydriertes Nahrungsmittel ist sehr lange haltbar und schmeckt – wenn man wieder Wasser zugibt – fast so gut wie in frischem Zustand.

Eine *Rolltreppe* kommt plötzlich in Fahrt, wenn man sich auf die erste Stufe zubewegt, eine Tür öffnet sich gerade rechtzeitig – in vielen Kaufhäusern scheinen Zauberkräfte am Werk zu sein. Wer wirkt hier so hilfreich aus dem Hintergrund?

Immer ist es ein *Motor*, der etwas in Bewegung versetzt. Doch daß dieser Motor weiß, wann er etwas zu bewegen hat, dazu ist eine andere Einrichtung vonnöten: eine *Lichtschranke.* Dabei fällt ein Strahlenbündel aus (meist unsichtbarem) Licht auf eine *Fotozelle.* Sobald diese Lichtstrahlen unterbrochen werden, löst die Fotozelle über einen *elektrischen Impuls* einen Motor aus, der dann – zum Beispiel – die Rolltreppe in Gang setzt.

Bevor die *Milch* im Supermarkt im Kühlregal ankommt, hat sie schon eine lange Reise zurückgelegt. Diese Reise beginnt damit, daß die Milch von Tankwagen bei den Bauernhöfen abgeholt und zur Molkerei befördert wird. Warum haben die Tanks der *Milchwagen* immer eine spiegelnde, silberfarbene Oberfläche?

Frische Milch ist sehr wärmeempfindlich. Das heißt, sie wird rasch sauer, wenn sie warm wird. Eine spiegelnde, silberfarbene Oberfläche wirft aber praktisch alle *Wärmestrahlung* zurück, die von der Sonne auf einen Milchtank geworfen wird. Daher kann die Milch im Inneren der Tanks nicht durch die Sonneneinstrahlung erwärmt werden. Außerdem haben die meisten dieser Tankwagen zusätzlich ein *Kühlsystem* eingebaut.

Da geht dem Kochtopf der Deckel hoch – was rund ums *Mittagessen* auf den Tisch kommt

Warum kocht *Wasser* in einem zugedeckten Topf früher als in einem Topf ohne Deckel?

Die *Wassermoleküle* – das sind die kleinen Teile, aus denen Wasser besteht – sind dauernd in Bewegung. Beim Erhitzen bewegen sie sich immer schneller, und einige von ihnen steigen schließlich als *Dampf* von der Wasseroberfläche auf. Wenn kein Deckel auf dem Topf ist, verteilen sie sich irgendwo in der Luft. Werden sie aber von einem Deckel aufgehalten, geht ihre Energie dem Wasser nicht verloren: Sie bewegen weiterhin andere Wassermoleküle, und dadurch kommt das Wasser schneller zum Kochen. Daher benötigt man mit Topfdeckel weniger *Energie.*

Während des Kochens wird die Luft mit mehr oder weniger guten Gerüchen und mit Feuchtigkeit und Fettdünsten angereichert. Um zu verhindern, daß sich Feuchtigkeit und Fett an den Wänden niederschlagen, bringt man über dem Herd eine *Dunstabzugshaube* an. Wie funktioniert sie?

Ein Lüfter in der Dunstabzugshaube saugt die Luft über dem Herd durch eine Filtermatte, die die Fettbestandteile zurückhält. Wenn die Luft nicht ins Freie geleitet wird, durchströmt sie meist noch einen Aktivkohlefilter, der einige Gerüche aufnimmt, und eine Schicht bestimmter Chemikalien, die Wasser aufnehmen können. Diese Chemikalien müssen allerdings nach einiger Zeit getrocknet werden, damit sie weiterhin ihre Aufgabe erfüllen können.

Warum werden Gemüse und Fleisch schneller gar, wenn man sie in einem Topf mit Deckel kocht?

Ein Deckel auf dem Topf läßt den *Druck* im Inneren ansteigen. Das kann man daran erkennen, daß der Deckel manchmal durch den Innendruck ein wenig angehoben wird. Bei höherem Luftdruck steigt aber auch der *Siedepunkt* des Wassers. Das bedeutet, daß das Wasser im Topf heißer als 100 °C wird, bevor es in den gasförmigen Zustand, in *Dampf*, übergeht. Und wenn Dinge heißer als 100 °C gekocht werden, werden sie natürlich auch schneller gar.

Warum *salzt* man Wasser, in dem man zum Beispiel Kartoffeln kochen will?

Die Kartoffeln werden schneller gar, wenn man sie in *Salzwasser* kocht. Salz erhöht den *Siedepunkt* des Wassers. Daher wird das Wasser heißer als 100 °C, bevor es in den gasförmigen Zustand übergeht. Und in größerer Hitze werden die Kartoffeln schneller gar. Die Wassermoleküle bewegen sich bei Erwärmung immer schneller, wobei sie durch das Salz behindert werden. Deshalb gehen sie erst bei einer höheren Temperatur in den gasförmigen Zustand, in *Dampf*, über.

Mit einem *Mikrowellenherd* kann man Speisen in sehr kurzer Zeit erhitzen. Wie funktioniert ein solches Gerät?

***M**ikrowellen* sind energiereiche *Strahlen*; sie gehören wie zum Beispiel Radio- oder Lichtwellen zu den *elektromagnetischen Wellen.* Sie heißen Mikrowellen, weil sie vergleichsweise kurz sind. Erzeugt werden diese Wellen in einer *Magnetfeldröhre.* In dieser Röhre wirkt ein Magnetfeld auf Elektronen, die von einer Glühkathode ausgesandt werden. Im Inneren des Herdes entsteht ein Mikrowellenfeld, dem beim Durchdringen von Speisen *Energie* in Form von Wärme entzogen wird. Die Wellen bringen die Moleküle von Wasser oder Fett sehr rasch zum Schwingen, wodurch die Speisen erhitzt und gegart werden. Nicht alle Stoffe nehmen aber diese Energie auf; daher werden die Wände und das Geschirr im Inneren des Herdes nicht erhitzt.

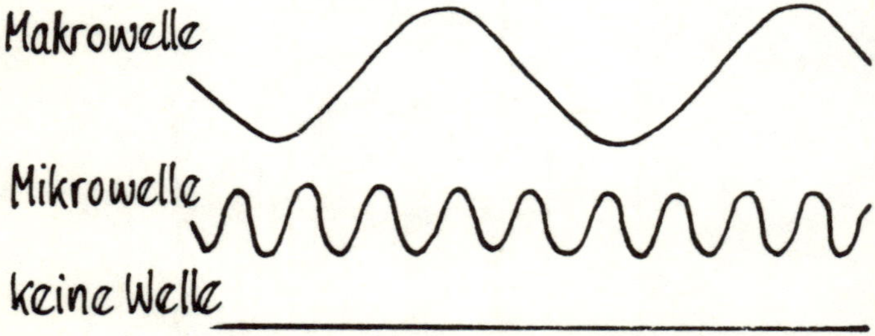

Wenn's draußen so richtig heiß ist, tut's gut, wenn man etwas Kaltes zu trinken hat. Auf dem Tisch stehen zwei Flaschen Limonade, nur eine kommt geradewegs aus dem Kühlschrank. Ohne sie zu berühren, wird der Kenner nach kurzem Blick auf die beiden Flaschen zum kälteren Getränk greifen – wie ist das möglich?

An der *Flasche* aus dem Kühlschrank sind kleine *Wassertröpfchen* zu erkennen. Weil sie so richtig schön kalt ist, kühlt sich an ihr auch die daran vorbeistreifende Luft ab. Da kühle Luft aber nicht soviel Feuchtigkeit (in Form von Wasserdampf) enthalten kann, beginnt ein Teil des in der Luft immer enthaltenen Wassers zu *kondensieren* – am kalten Flaschenglas schlagen sich feine Wassertröpfchen nieder.

Man kann natürlich auch versuchen, ein Getränk zu kühlen, indem man *Eiswürfel* hinzugibt. Warum knacken Eiswürfel eigentlich, wenn man sie in eine nicht besonders kalte Flüssigkeit gibt?

Eiswürfel erwärmen sich rasch, wenn man sie in ein Getränk gibt. Weil sie sich aber nicht innen und außen gleichmäßig erwärmen und daher ausdehnen, kommt es zu *Spannungen* zwischen verschiedenen Teilen eines Eiswürfels – was als Knacken zu hören ist.

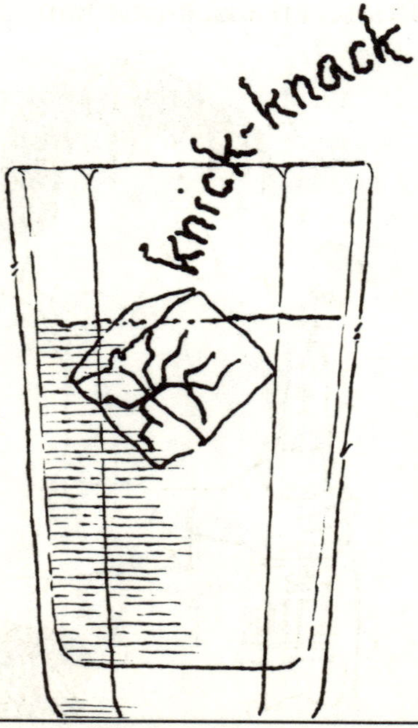

Wenn man eine Limonadenflasche öffnet, entsteht im Flaschenhals meist eine kleine Wolke. Wo kommt sie denn her?

In der Flasche herrscht ein höherer *Druck* als in der umgebenden Luft. Beim Öffnen entspannt sich dieser *Überdruck* (was von einem mehr oder weniger lauten Zischen begleitet wird). Beim Entspannen kühlt sich die Luft aber auch ab. Dadurch kann sie nicht mehr soviel *Wasserdampf* halten wie zuvor – dieser überschüssige Wasserdampf wird in Form von feinen Tröpfchen ausgeschieden.

Wenn man einen *Löffel* in ein halbgefülltes Wasserglas stellt, bricht er sofort in der Mitte entzwei. So jedenfalls sieht es aus, wenn man ihn näher betrachtet. Der Löffelstiel taucht an einer Stelle in das Wasser ein – von unterhalb der Wasseroberfläche scheint er aber gar nicht an diese Stelle zu führen. Warum sieht der Löffelstiel so aus, als wäre er ziemlich demoliert?

Wir sehen einen Gegenstand, weil *Lichtstrahlen* von ihm zurückgeworfen werden. Im Wasser werden Lichtstrahlen aber etwas abgeknickt; diese Ablenkung nennt man *Lichtbrechung.* Und diese Lichtbrechung ist es, die den Löffelstiel so „abgeknickt" aussehen läßt.

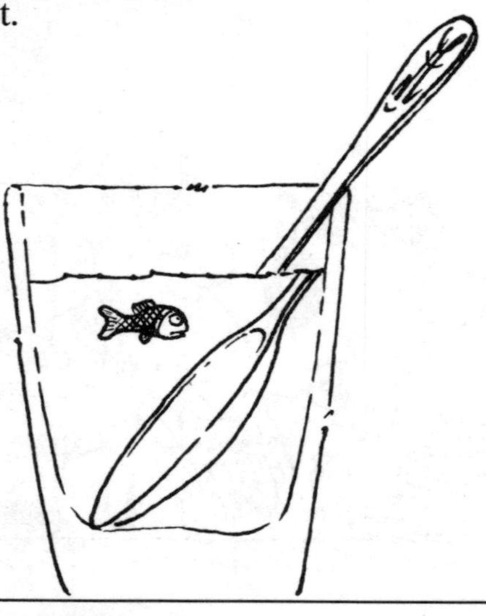

Warum geht das *Geschirrspülen* leichter, wenn man ein *Spülmittel* ins Wasser gibt?

Dafür gibt es ganz verschiedene Gründe. Ein wichtiger Grund ist, daß durch das Spülmittel die *Oberflächenspannung* des Wassers stark vermindert wird. Das auf diese Weise „entspannte“ Wasser dringt leichter zwischen Teller und Speisereste – dadurch werden diese schneller vom Teller gelöst. Durch die verminderte Oberflächenspannung wird übrigens auch verhindert, daß sich auf dem Geschirr Wassertropfen bilden: Das Wasser läuft leichter ab und das Geschirr trocknet sehr viel rascher.

Beim Geschirrspülen kann es vorkommen, daß sich ein *Glas* selbständig macht: Wird es nämlich zum Abtropfen mit der Öffnung nach unten auf eine leicht schräge Fläche gestellt, so beginnt es wie von Zauberhand auf ihr hinabzu*gleiten* – warum?

Das Glas ist durch das heiße Spülwasser *erwärmt* worden, also erwärmt sich auch die Luft im Inneren des Glases und dehnt sich aus. Wenn sich am Glasrand eine dünne Wasserhaut (durch das Spülmittel) befindet, kann die „Überdruckluft" nicht nach außen entweichen und hebt das Glas ein wenig an: Nun gleitet das Glas auf dem dünnen *Wasserfilm* abwärts.

Warum werden manche Dinge – wie zum Beispiel Kerzen oder Plastik – nicht richtig *naß*, wenn man sie ins *Wasser* taucht?

Dies kommt dann vor, wenn die zwischen Wasser und einem bestimmten Stoff wirkenden Kräfte der *Adhäsion* weit geringer sind als die zwischen den Wasserteilchen wirkenden Kräfte der *Kohäsion*. Das ist bei einigen Stoffen – zum Beispiel Paraffin, Plastik oder Fett – der Fall: Diese werden also vom Wasser nicht richtig naß, nur einzelne Tropfen bleiben an ihnen haften.

Wie süße Früchtchen in Form bleiben und die Wäsche auf Touren kommt – *im Haushalt* geht's nicht nur dem Staub an den Kragen

Ohne *Staubsauger* ginge es in manchem Haushalt ziemlich staubig zu. Wie aber kommt der feine Unrat in dieses nützliche Gerät hinein?

Im Inneren des Staubsaugers befindet sich eine Turbine, ein *Kreisellüfter.* Dieser wird von einem Elektromotor angetrieben und erzeugt einen starken *Luftstrom.* Durch diesen Luftstrom werden Staub- und Schmutzteilchen über eine Düse ins Innere des Geräts gesaugt, wo die meisten in einem *Filterbeutel* aufgefangen werden. Die halbwegs gereinigte Luft entweicht dann auf der anderen Seite des Kreisellüfters.

Die Saugwirkung ist stark herabgesetzt, wenn der Filterbeutel schon ziemlich gefüllt ist, denn dann kann kein starker Luftstrom bis hin zur Düse entstehen. Darüber hinaus ist es wichtig, daß die Luft durch mindestens einen weiteren, sehr feinporigen Filter gereinigt wird – denn sonst werden die sehr kleinen Schmutzteilchen, die aus dem Staubsauger kommen, in der Atemluft verteilt.

Wäsche ist nach dem Waschen noch tropfnaß. Dann dauert es einige Zeit, bis sie endlich trocken ist. Praktisch ist es also, wenn die Wäsche schon nicht mehr ganz so naß aus der *Waschmaschine* kommt – denn dann wird sie sehr viel schneller völlig trocken. Wie aber macht das eine Waschmaschine?

Nach dem Waschen wird die Wäsche in der Maschine geschleudert; hierbei nutzt man ein einfaches naturwissenschaftliches Prinzip aus: die *Fliehkraft.* Beim *Schleudern* dreht sich die Metalltrommel im Inneren der Waschmaschine sehr schnell, wodurch die nasse Wäsche an die Innenwände der Trommel gepreßt wird. Die Fliehkraft wirkt natürlich auch auf das in der Wäsche enthaltene Wasser. Dieses wird aber von der Trommelwand nicht aufgehalten: Es „flieht" durch kleine Löcher in der Wand und wird dann nach unten abgeleitet und schließlich abgepumpt.

Wer keinen Platz hat, um seine Wäsche im Freien trocknen zu lassen, läßt sie am besten von einer Maschine trocknen. Wie funktioniert ein solcher *Wäschetrockner?*

Die Feuchtigkeit der Wäsche löst sich in einem Wäschetrockner sozusagen in Luft auf: sie *verdunstet.* Die Wäsche wird in einer gelochten Metalltrommel gedreht und aufgelockert, während gleichzeitig erhitzte Luft an ihr vorbeistreicht und die Feuchtigkeit aufnimmt. Bei einer Art von Wäschetrocknern wird die feuchte Luft ins Freie geleitet, bei einer anderen Art (wenn keine Möglichkeit eines Außenanschlusses besteht) wird die Luft abgekühlt, damit der in ihr enthaltene Wasserdampf *kondensiert* und als Wasser aus der Maschine ausfließen kann.

Mit einem heißen *Bügeleisen* werden Kleidungsstücke schön glatt. Nicht jeder Stoff verträgt aber Hitze gleich. Warum kann man trotzdem alle Stoffe mit demselben Bügeleisen glätten?

Die *Temperatur* eines Bügeleisens kann an einem Drehknopf passend für die verschiedenen Stoffe eingestellt werden. Die Sohlenplatte eines Bügeleisens wird im Inneren elektrisch beheizt. Durch den Drehknopf wird ein *Thermostat* über der Sohlenplatte so eingestellt, daß diese auf eine ganz bestimmte Temperatur aufgeheizt wird. Der Thermostat schaltet die Heizung immer dann aus oder ein, wenn diese Temperatur über- oder unterschritten wird.

Warum ist es in einer *Tiefkühltruhe* so kalt?

In den Wänden der Tiefkühltruhe verlaufen Rohre, in denen sich ein *Kältemittel* befindet. Es verdampft und entzieht dabei seiner Umgebung – dem Innenraum der Truhe – Wärme. Der Kältemitteldampf wird dann von einem *Kompressor* verdichtet und in Rohre außerhalb der Truhe geleitet, wo er die Wärme abgibt und sich wieder verflüssigt. Das flüssige Kältemittel wird dann zurück in den Innenbereich geleitet, und der Kühlvorgang beginnt aufs neue.

Eine *Tiefkühltruhe* ist eine angenehme Einrichtung: Früchte, die es im Sommer reichlich gibt, werden eingefroren und dann im Winter „fast frisch“ auf den Tisch gebracht. Warum aber sehen zum Beispiel aufgetaute Erdbeeren ganz und gar nicht mehr so schön rund und fest aus wie beim Einfrieren zu Beginn des vergangenen Sommers?

In Erdbeeren befindet sich viel *Wasser*, das sich beim Gefrieren ausdehnt und dabei die empfindlichen *Zellwände* im Inneren der Frucht sprengt. Wenn dann die Erdbeeren aufgetaut werden, fallen sie in sich zusammen und sehen wirklich nicht mehr besonders frisch aus – schmecken tun sie trotzdem gut!

Früher – als es noch kaum Obstkonserven zu kaufen gab – war es gang und gäbe, daß jede Familie sich im Sommer Obst für den Winter einkochte. Heute ist dieses arbeitsaufwendige „*Einmachen*" wieder in Mode: Man weiß, woher das Obst stammt und ob es zum Beispiel mit irgendwelchen Spritzmitteln behandelt worden ist. Wie geht das Einmachen vor sich?

Das Obst wird in große Gläser gefüllt, die oben mit einem lose auf einem Gummiring aufliegenden Deckel versehen sind. Die Gläser werden in einem *Wasserbad* auf 70–80 °C erhitzt, wobei der Deckel durch eine Klammer ein wenig angedrückt wird. Beim Erhitzen dehnen sich Inhalt und Luft im Glas aus, und ein großer Teil der Luft entweicht durch den Spalt zwischen Gummiring und Deckel. Beim Abkühlen zieht sich der Inhalt zusammen und erzeugt im Glas einen *Unterdruck*, wodurch der Deckel fest gegen die Gummidichtung gepreßt wird. Das Obst ist jetzt luftdicht abgeschlossen und bleibt *steril* – so kann es jahrelang aufbewahrt werden.

Frischgepreßter Obst- oder Gemüsesaft schmeckt besonders gut. Wer's gern bequem hat, verwendet zur Herstellung einen *Entsafter.* Wie arbeitet ein solches Gerät?

Im Inneren eines Entsafters befindet sich eine durchlöcherte Trommel. Am Boden dieser Trommel ist eine Scheibe angebracht, die mit scharfen Metallzähnen versehen ist. Nach dem Einschalten des Elektromotors drehen sich Trommel und Scheibe sehr schnell. Obst und Gemüse werden durch die Zähne zerkleinert, und ihr Saft wird durch die *Zentrifugalkraft* durch die feinlöchrige Trommelwand geschleudert und nach unten in einen Behälter geleitet.

Beim Hantieren mit *Glasplatten* muß man besonders vorsichtig sein. Reinigt man sie mit *Wasser*, muß man zudem noch auf etwas anderes achten: Wenn man sie naß aufeinanderlegt, bekommt man sie nur schwer wieder auseinander – warum?

Es ist die Kraft der *Adhäsion*, die Wasser an Glas haften läßt. Diese Kraft wirkt zwischen den *Oberflächenteilchen* von Glas und Wasser – und zwar um so mehr, je enger der Kontakt zwischen Wasser und Glas ist. Bei zwei aufeinandergelegten nassen Glasplatten wirken Adhäsionskräfte nach beiden Seiten: Das Wasser hält die Platten dann wie ein kräftiger Klebstoff zusammen.

Ohne Schlüssel hilft auch kein „Sesam öffne dich“ – *vom Keller bis zum Dach* haben Heimwerker etwas zu werkeln

Die Haustür kann man nur öffnen, wenn man einen passenden *Schlüssel* hat. Woher weiß das Türschloß, wann es den richtigen Schlüssel in sich hat?

Ein Schlüssel hat einen *„Bart"* – und nur wenn der richtig gebogen ist, paßt er ins Schloß. Damit sich der Schlüssel aber auch drehen läßt, muß sein Bart die passende Form haben, um mehrere übereinanderliegende Plättchen, die Zuhaltungen, bewegen zu können. Erst wenn diese von einer Feder gehaltenen Zuhaltungen beiseite geschoben sind, kann der Türriegel bewegt werden. Ein solches einfaches Schloß bietet aber keinen großen Schutz gegen ungebetene Gäste, denn die Zuhaltungen können von einem geschickten Einbrecher leicht überwunden werden.
Nicht so leicht ist so etwas bei einem *Sicherheitsschloß.* Hier muß sich ein *Zylinder* im Inneren des Schlosses drehen, damit die Tür geöffnet werden kann. Dieser Zylinder wird von mehreren Sicherheitsstiften gehalten; er kann nur bewegt werden, wenn diese Stifte jeweils genau um einige Millimeter angehoben werden. Dies besorgen die Zacken des Schlüssels. Wenn aber nur ein Zacken nicht die richtige Länge hat, wird der zugehörige Stift zu wenig oder zu viel angehoben – und dann bleibt der Zylinder blockiert.

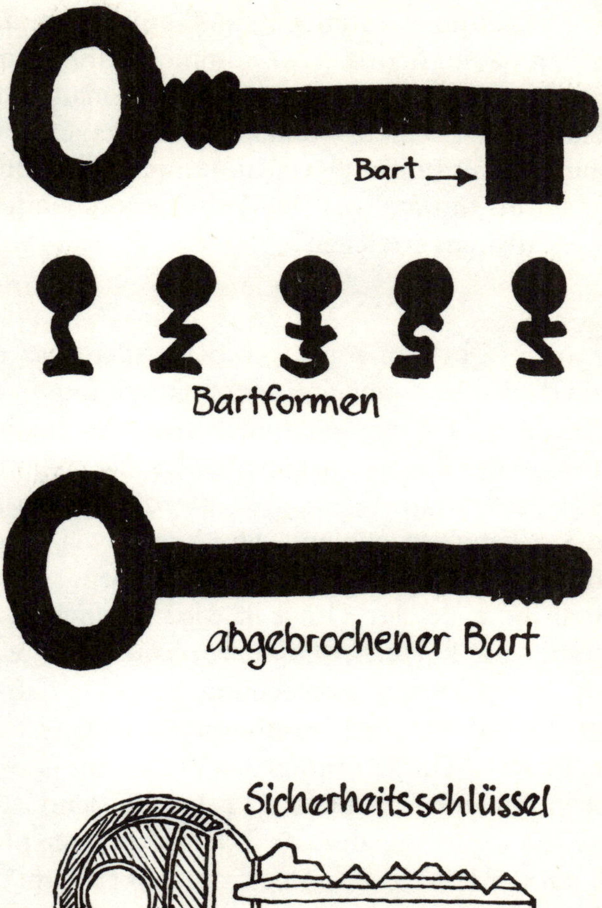
Bart
Bartformen
abgebrochener Bart
Sicherheitsschlüssel

Wer jemanden anrufen will, muß auf seinem *Telefon* fein säuberlich die Rufnummer wählen (oder beim Tastentelefon eintippen). Kann man einem Schlaumeier glauben, wenn er behauptet, er könne jemanden mit fünfstelliger Rufnummer auch durch weniger als fünfmaliges Wählscheibendrehen (oder Tastendrücken) erreichen?

Man muß es ihm sogar glauben. Allerdings nur, wenn die Rufnummer eine oder mehrere Einsen enthält. Die „1" kann man nämlich auch durch kurzes Drücken der Gabel „wählen". Bei der Nummer 21931 zum Beispiel genügt es, nur die Ziffern 2, 9 und 3 „richtig" zu wählen – die 1 kann jeweils durch kurzes Drücken der Gabel eingegeben werden. Durch dieses leichte Drücken wird nämlich in der Leitung eine kurze *Stromunterbrechung* ausgelöst. Und diese Stromunterbrechung bewirkt, daß im Automat der örtlichen Vermittlungsstelle eine 1 eingestellt wird. Da kann man nur froh sein, daß der Notruf hierzulande nicht 111 lautet, denn sonst wäre mancher ungeduldige Telefonbenutzer plötzlich mit der Polizei verbunden, ohne überhaupt eine Zahl „richtig" gewählt zu haben.

Wenn eine Schraube nicht so in der Wand hält, wie sie eigentlich sollte, dann hilft meistens ein *Dübel.* Warum hält dieser in der Wand?

Ein Dübel hält in weichem Untergrund genausowenig wie eine Schraube. Allerdings: Dreht man in sein Inneres eine Schraube ein, so spreizt er sich, und seine Außenkanten werden fest gegen das Mauerwerk gepreßt. Ein solcher *Spreizdübel* hilft also bei bröseligem Untergrund. Mit Hilfe eines *Klappdübels* kann man schwere Gegenstände an einer dünnen Decke oder Wand befestigen, hinter der sich ein Hohlraum befindet: Im Hohlraum klappt sich ein ankerförmiges Gebilde auf. *Holzdübel* schließlich sind für eine gute Verbindung zwischen Holzteilen da: Sie haben Längsrillen, damit sie besser verleimt werden können.

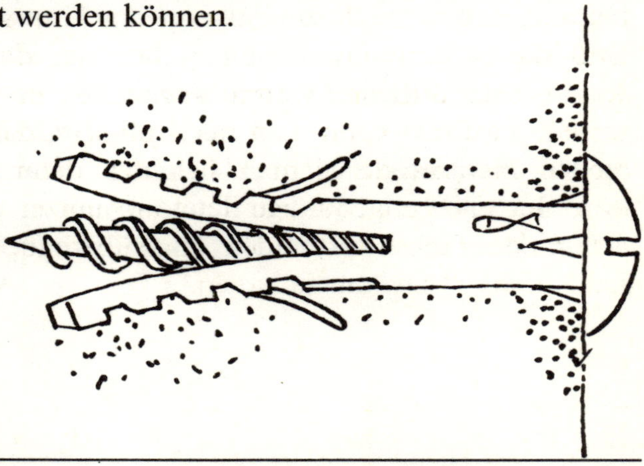

In älteren Radiogeräten wimmelt es im Inneren nur so von Drähtchen und Drähten. Und wenn sich irgendwo ein Drähtchen ablöst, gibt das Gerät meist keinen Ton mehr von sich. Solche *Drähte* sollen elektrischen Strom leiten, daher kann man sie schließlich nicht einfach mit nichtleitendem Klebstoff ankleben – wie kann man sich behelfen?

Wer sich auskennt, kann das Drähtchen durch *Löten* wieder an der richtigen Stelle befestigen. Dazu benötigt man eine *Metallverbindung*, zum Beispiel Lötzinn, die schon bei vergleichsweise niedrigen Temperaturen schmilzt. Mit Hilfe eines *Lötkolbens* (dessen Spitze durch einen Heizdraht im Inneren erhitzt wird) wird das Lötzinn geschmolzen und dann sofort auf die Stelle aufgebracht, an der das Drähtchen befestigt werden soll. Solange das Lötmaterial noch flüssig ist, wird das Drähtchen angedrückt; beim Erkalten verbindet es sich dann fest mit dem leitenden Lötmaterial – und das Radio funktioniert wieder. Natürlich darf man sich das Innenleben eines elektrischen Geräts nur dann betrachten, wenn vorher der Stecker aus der Steckdose gezogen worden ist!

W*asser* hat seinen Preis. Darum muß der Wasserverbrauch eines Haushalts genau gemessen werden. Das ist doch einfach, oder nicht?

Die einfachste Möglichkeit ist, das Wasser durch einen Zylinder fließen zu lassen, in dem sich eine *Flügelschraube* befindet. Diese Schraube wird durch das hindurchfließende Wasser angetrieben, und ihre Umdrehungen werden dann auf ein *Zählwerk* übertragen: Eine Umdrehung entspricht hierbei einer vom Zylinderdurchmesser abhängigen und recht genau berechenbaren Menge Wasser.
Eine noch genauere Messung der Wassermenge ist durch einen *Ringkolbenwasserzähler* möglich. Hierbei wird das Wasser ebenfalls durch einen *Meßzylinder* geführt. In seinem Inneren befindet sich aber ein zweiter, kleinerer Zylinder, der durch das hindurchfließende Wasser im Kreis bewegt wird. Auch diese Drehbewegung wird auf ein Zählwerk übertragen. Hier entspricht die Drehbewegung aber sehr genau immer einer Meßzylinderfüllung, und daher werden auch kleine Wassermengen präzise gemessen.

Jede Energie, die in einem Haushalt verbraucht wird, muß bezahlt werden. Wie kann man aber die verbrauchte Menge *Gas* „zählen“?

Die meisten *Gaszähler* haben in ihrem Inneren zwei *Meßkammern.* Diese Meßkammern bestehen aus Lederbälgen. Wenn Gas aus der Leitung durch diese Meßkammern strömt, heben und senken sich die Bälge und bewegen dabei jeweils einen Kolben. Die Kolben sind mit einem Zählwerk verbunden, das bei jeder Kolbenbewegung um einen bestimmten Wert weitergedreht wird. Auf diese Weise ist sichergestellt, daß das Zählwerk die verbrauchte Menge Gas sehr genau anzeigt.

Warum leuchtet eine *Glühlampe*, wenn man den Lichtschalter betätigt?

Die Glühlampe ist durch einen Bodenkontakt und die Sockelfassung mit der elektrischen Leitung verbunden. Beim Einschalten fließt *Strom* durch diese Leitung, das heißt, es fließen Elektronen durch den Metalldraht. Der *Glühdraht* im Inneren der Glühlampe setzt diesem Elektronenfluß einen hohen *Widerstand* entgegen. Dadurch erhitzt sich der Draht bis zur Weißglut und sendet dann helles Licht aus. Der Glühdraht ist meist aus dem Metall Wolfram gefertigt. Der Glaskolben der Lampe ist mit einem Edelgas gefüllt, damit der Draht nicht verbrennt und beim Glühen nicht zu schnell verdampft.
Bedauerlicherweise wird bei einer herkömmlichen Glühlampe nur ungefähr 10 % der eingesetzten elektrischen Energie in Licht umgesetzt; etwa 90 % gehen als eigentlich unerwünschte Wärme verloren. Daher setzt man heutzutage vermehrt sogenannte *Energiesparlampen* ein, deren Lichtanteil beim Stromverbrauch viel höher ist.

Warum werden manche Glühlampen als *Energiesparlampen* bezeichnet?

Energiesparlampen verbrauchen weit weniger elektrischen Strom als herkömmliche Glühlampen. Im Inneren einer solchen Lampe befindet sich ein meist mit Quecksilberdampf gefülltes *Gasentladungsrohr.* Durch eine elektrische Entladung wird dieser Dampf zum Leuchten angeregt. Sein schwaches radioaktives Licht wiederum regt einen an der Innenseite der Lampe aufgebrachten Leuchtstoff zum Aussenden von hellem, sichtbarem Licht an.
Der Wärmeverlust bei solchen Lampen ist sehr viel geringer als bei Glühlampen. Allerdings sind die Leuchtstofflampen mit einer Drehfassung um einiges teurer als herkömmliche Lampen. Denn hier muß auf sehr geringem Raum im Inneren auch noch ein kleines Vorschaltgerät (zur Herstellung der richtigen Betriebsspannung) untergebracht werden, was die Herstellung zusätzlich verteuert.

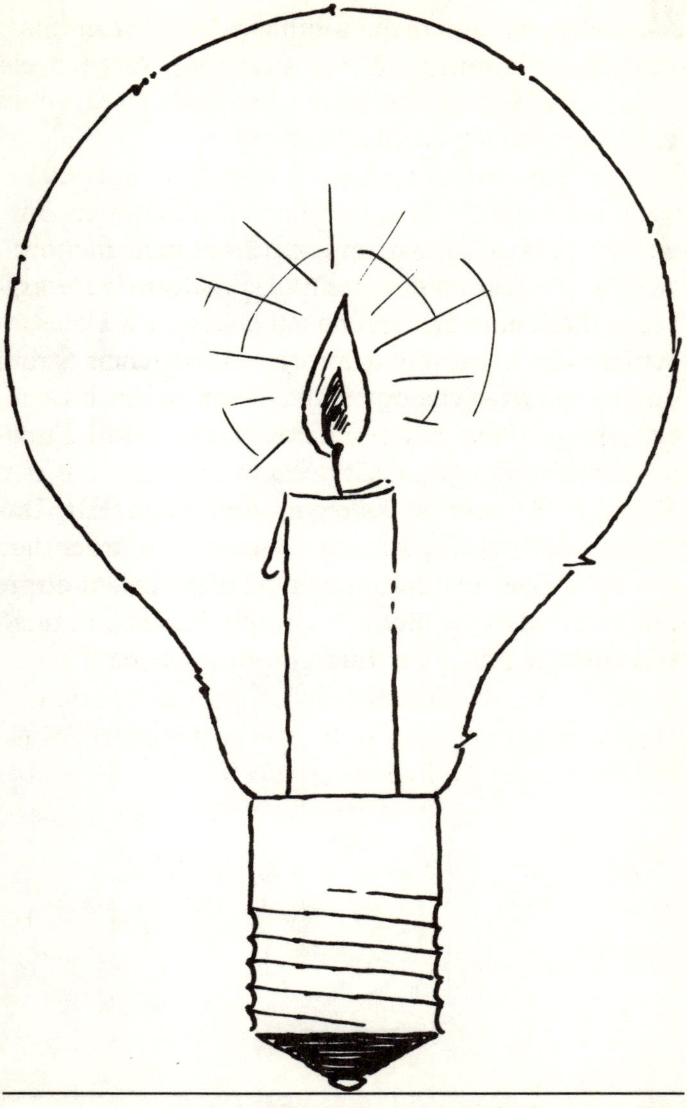

Der *elektrische Strom* kommt aus der Steckdose; und diesen Strom muß man bezahlen. Woher weiß das Elektrizitätsunternehmen aber, wieviel Strom in einem Haushalt verbraucht wird?

In jedem Haushalt gibt es irgendwo einen *Elektrizitätszähler.* Das ist ein Gerät, das die durch die Leitung fließende Elektrizitätsmenge mißt. Dies geschieht dadurch, daß man den elektrischen Strom ein *Magnetfeld* erzeugen läßt, durch das eine Drehscheibe in Bewegung versetzt wird. Diese Drehscheibe ist mit einem Zählwerk verbunden, das den Energieverbrauch in *Kilowattstunden* anzeigt. Das Magnetfeld wird genau in dem Maße stärker, wie die durch die Leitung fließende Elektrizitätsmenge anwächst. Daher dreht sich die Scheibe um so schneller, je höher der Energieverbrauch ist.

Ein Holzbrett soll mit ein paar *Schrauben* befestigt werden. Der Heimwerker hat zweierlei Schrauben zur Auswahl: Sie sind gleich lang, die einen haben aber sehr viel mehr Windungen. Schlau, wie er ist, wählt der Heimwerker die Schrauben mit der geringeren Zahl an Windungen – bei denen muß er nicht so oft drehen, bis er sie eingeschraubt hat. Warum kann man ihm aber zu diesem Entschluß nicht ohne weiteres gratulieren?

Er muß zwar weniger oft drehen, dafür lassen sich die Schrauben aber nicht so leicht eindrehen. Hier gilt das Prinzip des *Hebels.* Bei einem kurzen Weg muß man mehr Kraft aufwenden als bei einem längeren. Der Weg, das ist hier das Gewinde einer Schraube. Je länger das Gewinde ist, desto leichter läßt sich eine Schraube eindrehen.

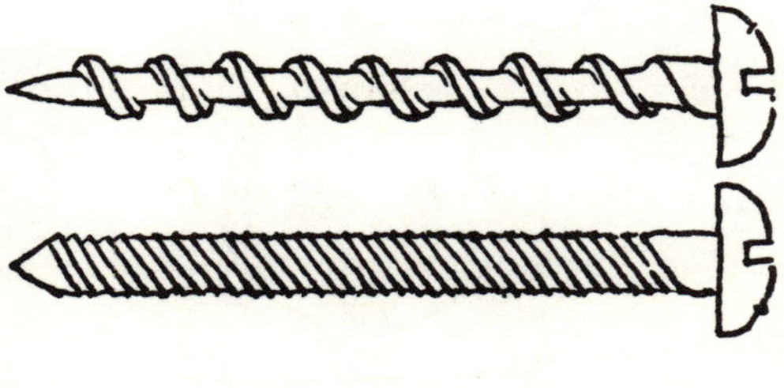

Auf Klingelknöpfen kann man „Klavier spielen" – das wissen alle frechen Buben und Mädchen. Warum geht das eigentlich so einfach: ein Knopfdruck, und schon klingelt's laut und meist unüberhörbar?

Beim *Klingeln* schlägt ein Klöppel gegen eine *Glocke.* Dieser Klöppel wird durch einen *Elektromagneten* zur Glocke hin bewegt. Und der Elektromagnet bewegt den Klöppel eben nur dann zur Glocke hin, wenn jemand außen an der Tür auf einen Knopf drückt und damit einen elektrischen Stromkreis schließt. Damit der Klöppel aber nicht nur einmal gegen die Glocke schlägt (das ergäbe nur einen einzigen Ton und kein dauerhaftes Geklingel), unterbricht der Klöppel (durch einen Unterbrecherkontakt) bei jedem Anschlag den Stromkreis, woraufhin er von einer Feder zurückgedrückt wird und dann erneut gegen die Glocke schlagen kann.

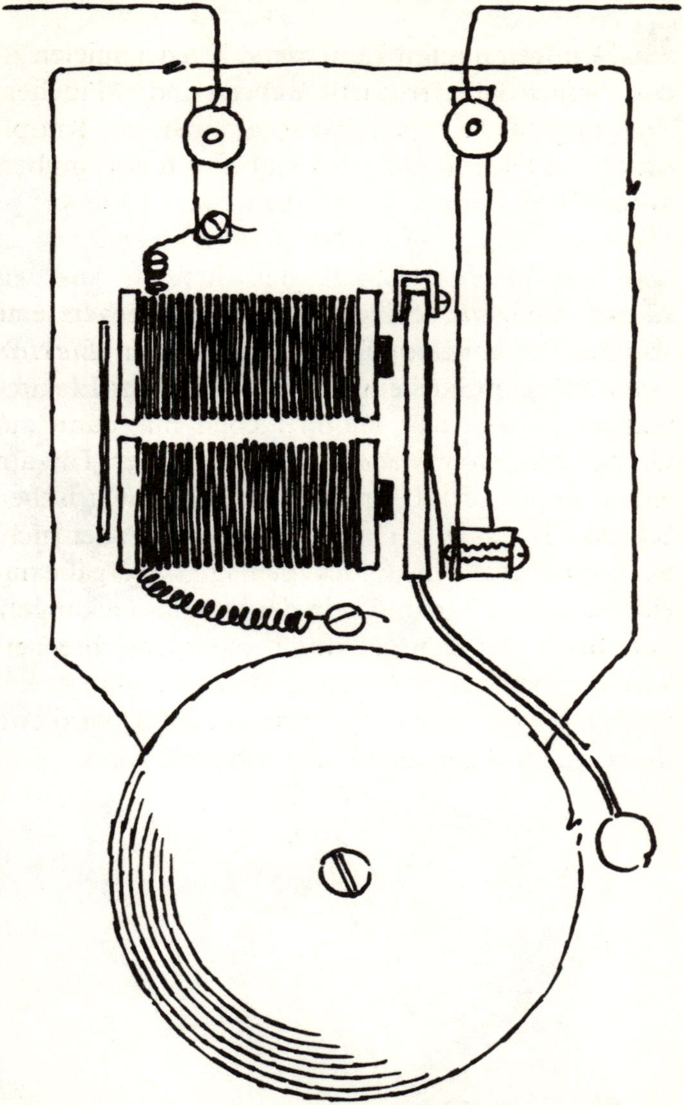

Warum hören alte Menschen es manchmal nicht, wenn jemand an der Haustür klingelt?

Eine *Türklingel* erzeugt oft recht hohe Töne. Junge Menschen können Töne bis zu einer *Frequenz* von etwa 20 000 Hertz hören. Bei älteren Menschen kann diese obere Hörgrenze bis auf etwa 5000 Hertz absinken. Wenn also die Türklingel Töne oberhalb dieser Hörgrenze erzeugt, dann wird sie nicht mehr gehört.

In manchen Häusern hat man das Kellergeschoß nachträglich zu einer Wohnung ausgebaut. Jedoch kann es vorkommen – wenn die Wände zum Erdreich schlecht isoliert sind –, daß manche Wände immer ein wenig *feucht* sind. Warum kommt es sogar vor, daß diese Wände im Sommer, wenn es draußen schön warm ist und auch fleißig gelüftet wird, nicht trockener, sondern sogar feuchter werden?

Die warme Luft von draußen kühlt sich im Inneren an den kühlen Wänden ab und kann dann nicht mehr soviel Feuchtigkeit halten wie zuvor. Diese überschüssige Feuchtigkeit wird durch *Kondensation* in Form kleiner Wassertröpfchen abgegeben. Auf diese Weise kann man Kellerräume regelrecht „naßlüften“ – sie werden dann nicht trockener, sondern feuchter. Viel sinnvoller ist es zu *lüften*, wenn die Luft draußen recht kühl ist. Dann nämlich erwärmt sie sich im Inneren und kann so noch Feuchtigkeit aufnehmen – feuchte Wände werden also getrocknet.

Wo Kirschen der Kragen
platzt und Insekten
auf Wasser lustwandeln –
im Garten ist sogar der
Winter fleißig

Tierliebende Menschen haben im Garten eine *Vogeltränke.* Und schlaue tierliebende Menschen müssen ihre Vogeltränke nicht sehr oft nachfüllen – denn sie wählen eine Vorrichtung, die dies selbst besorgt. Wie funktioniert eine solche Vogeltränke?

Wichtigster Teil einer solchen Tränke ist eine Art auf dem Kopf stehender Flasche. Ihr unteres, offenes Ende mündet in eine runde Schale, die eigentliche Tränke. Befindet sich in der Schale Wasser, ist die Flaschenmündung also unterhalb des *Wasserspiegels,* dann kann aus der gefüllten Flasche kein Wasser nachfließen. Denn oben in der Flasche würde ja dann ein luftleerer Raum entstehen – das aber verhindert der auf die Wasseroberfläche einwirkende *Luftdruck.* Erst wenn der Wasserspiegel unter die Flaschenmündung fällt, kann Luft in die Flasche aufsteigen und daher auch Wasser nach unten ausfließen. Dieser Vorgang wird aber sofort wieder beendet, wenn der Wasserspiegel ein wenig gestiegen ist. Auf diese Weise wird die Schale immer wieder nachgefüllt.

Gluck
Gluck

W*asser* hat keine Balken, das weiß jeder. Warum aber können die kleinen Wasserläufer oder Wasserschneider auf der Wasseroberfläche eines Gartenteichs herumspazieren, als ob für sie die Naturgesetze nicht gelten würden?

Wasser hat zwar keine Balken, es hat aber eine „Haut". Wasser besteht aus winzig kleinen Teilen, *Moleküle* genannt. Diese Moleküle halten an der Wasseroberfläche besonders fest zusammen und erzeugen so eine *Oberflächenspannung*. Diese Oberflächenspannung ist so groß, daß die kleinen Wasserläufertierchen sicher über den Teich laufen können.

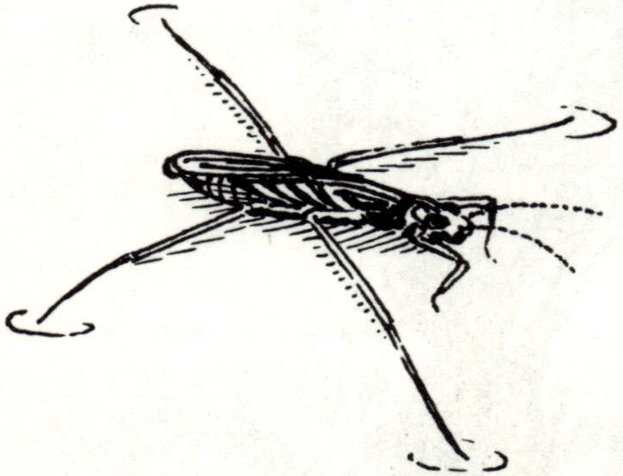

Wasserschneider ♂ 13, ♀ 17mm

Mancher Gärtner gräbt im Herbst das Stück Land um, auf dem im folgenden Jahr das eigene Gemüse gedeihen soll. So wird die Erde durchlüftet und ist dann gut vorbereitet auf das Wachstum des neuen Jahres. Beim *Umgraben* bleiben große Erdschollen liegen – warum ist von diesen dann aber im Frühling kaum mehr etwas zu sehen?

Im *Winter* gefriert das Wasser in den Erdschollen zu *Eis.* Weil sich aber Wasser beim Gefrieren ausdehnt, wird die Erde auseinandergedrückt und fällt beim Tauen in sich zusammen. Dieser Vorgang wiederholt sich meist mehrmals in einem Winter, so daß die Erdscholle dann im Frühling zu krümeliger *Gartenerde* geworden ist.

Manche Leute schlagen beim *Holzhacken* erst das Beil ein wenig in das Stück Holz, das sie spalten wollen, drehen daraufhin das *Beil* um und wuchten dann den Beilrücken auf den Hauklotz – wodurch das Holzstück gespalten wird. Warum ist dieses scheinbar merkwürdige Verhalten ganz vernünftig – weil kräftesparend?

Jeder Gegenstand hat nach dem *Trägheitsgesetz* das Bestreben, seinen jeweiligen Ruhe- oder Bewegungszustand beizubehalten, also auch das Stück Holz an der Beilschneide. Beim Schlagen auf den Hauklotz will es sich somit weiter abwärts bewegen und schiebt sich mit Wucht auf das Beil. Kräftesparend ist das Umdrehen des Beils aber nur dann, wenn das Stück Holz schwerer ist als das Beil – dann hat es auch die größere Trägheit. Wenn das Beil aber schwerer ist, sollte man dessen größere Trägheit ausnutzen und wie gewohnt – mit dem zu spaltenden Holz nach unten – auf den Hauklotz schlagen.

Viele Hobbygärtner wundern sich jedes Frühjahr über die zahllosen *Steine*, die sie aus der Erde klauben müssen. Wachsen die Steine etwa nach? Woher kommen diese unerwünschten Gäste im Gemüsebeet.

Im Winter gefrieren die oberen Bodenschichten. Dabei wandert die *Gefriergrenze* bei Dauerfrost langsam immer tiefer. Steine, die sich auf Höhe dieser Gefriergrenze befinden, leiten die Kälte besser weiter als die umgebende Erde. Daher gefriert unter ihnen auch das vorhandene Wasser und dehnt sich dabei aus. Auf diese Weise werden die Steine ein kleines Stück nach oben gedrückt. Wenn es taut, fällt dann lockere Erde in die entstehenden Hohlräume unter den Steinen. Wenn die Gefriergrenze im Verlaufe eines Winters mal nach oben, mal nach unten wandert, dann wandern auch viele Steine allmählich nach oben – sehr zum Ärger des Hobbygärtners.

Oft gibt es schon im Oktober *Frost*, wenn viele Pflanzen noch grün sind und manche sogar noch blühen. Pflanzen bestehen etwa zu 80 % aus *Wasser*, das bei einer Temperatur von 0 °C gefriert. Eiskristalle haben aber ein größeres Volumen als Wasser und müßten doch eine „im Saft stehende" Pflanze von innen „sprengen", also das Pflanzengewebe zerreißen. Warum überstehen viele Pflanzen trotzdem die ersten Frostnächte?

Pflanzen sind auf vielfache Weise vor leichtem Frost geschützt: Sie enthalten zum Beispiel kein reines Wasser, sondern bestimmte *Lösungen*, die erst bei geringeren Temperaturen als 0 °C gefrieren. Auch steigen aus den Wurzeln der Pflanzen *Säfte* auf, die einigermaßen „warm" sind und sich erst bei längerem Frost gefährlich abkühlen. Außerdem sind viele Pflanzen mit feinen *Härchen* bedeckt, zwischen denen die Luft sich nicht bewegt und die daher wie ein Pelz isolieren.

Warum muß man bei einem *Wasserhahn*, der sich außen am Haus befindet, im Herbst die Wasserzuleitung abstellen und vor allem alles Wasser ablassen, das sich noch in der Leitung befindet?

Wasser gefriert bei Temperaturen unter 0 °C zu *Eis*. Dabei dehnt es sich aus. Durch diese *Ausdehnung* würde sogar ein Metallrohr gesprengt werden. Den Schaden bemerkt man allerdings nicht sofort: Erst wenn das Eis wieder auftaut, ist die Bescherung unübersehbar – dann strömt das Wasser nämlich aus dem zerstörten Rohr.

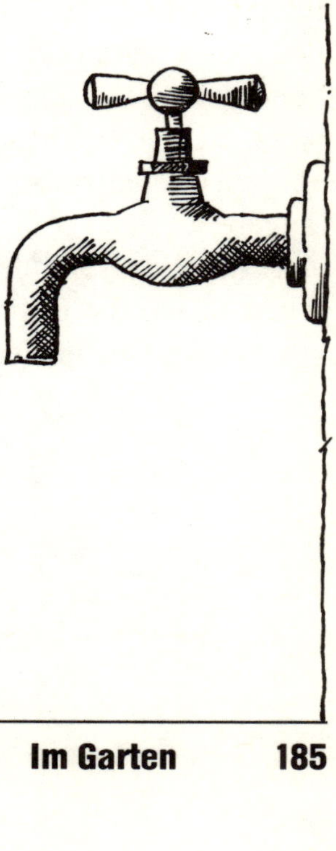

Warum bespritzen manche Gärtner in kalten Frostnächten die *Blüten* empfindlicher Pflanzen mit *Wasser*?

Diese Blüten oder andere Pflanzenteile würden in der Frostnacht erfrieren. Wenn sie aber von einer schützenden Hülle umgeben sind, überstehen sie die *Kälte* unbeschadet. Das Wasser stellt diese *Schutzhülle* her: Es gefriert nämlich zu *Eis* und hält dadurch die Kälte davon ab, bis ins Innere der Blüte einzudringen.

Ein Baum voller reifer *Kirschen* ist eine Augenweide. Leider sind diese Früchte nicht mehr halb so schön, wenn sie aufgeplatzt sind. Warum nur platzen reife Kirschen auf, wenn es eine Zeitlang geregnet hat?

Der Kirschsaft im Inneren der Frucht besteht aus Wasser, in dem sich einige Stoffe und etwas Zucker befinden. Diese Zuckerlösung in der Kirsche möchte sich verdünnen und würde das auch tun, wenn sie mit reinem Wasser in Verbindung kommen würde. Wenn es regnet, wird die äußere Haut der Kirsche naß. Der Drang, sich zu verdünnen, führt dazu, daß Kirschsaft durch die feinen Poren der Haut nach außen wandert – allerdings können die kleinen Zuckerteilchen nicht auch durch diese Poren gelangen. Das Regenwasser jedoch kann durch die Poren in die Kirsche eindringen. Deshalb steigt der Druck im Inneren, er wird *osmotischer Druck* genannt, ständig an – bis die Haut schließlich zerplatzt.

Erst mit dem Finger
im Wind werden Würstchen
so richtig knackig –
beim Gartenfest rotiert sogar
der Wassereimer

Ein *Ventilator* bringt die Luft in Bewegung. An heißen Sommertagen ist diese Luft aber nicht gerade kühl. Warum kann ein Ventilator trotzdem für *Kühlung* sorgen?

Es ist nicht die Luft, die als kühlend empfunden wird. Vielmehr verdunstet auf unserer Haut immer ein wenig Feuchtigkeit – mal mehr, mal weniger. Und bei diesem Vorgang entsteht *Verdunstungskälte* – die Haut wird also gekühlt. Wenn ein Luftstrom über unsere Haut streicht, wird die Verdunstung beschleunigt und die Haut noch stärker gekühlt. Also kann auch warme Luft indirekt für Kühlung sorgen.

Noch besser als ein Ventilator kühlt ein Stück *Eis*. Wenn man es in der Hand hält, glaubt man zu spüren, wie die Kälte in die Fingerspitzen kriecht. Warum kühlt Eis?

Wenn man ein Stück Eis in der Hand hält, kriecht nicht die *Kälte* in die Fingerspitzen – es ist genau umgekehrt: Die *Wärme* entweicht aus den Fingern. Das Eis schmilzt, weil es Wärme aufnimmt. Das tut es auch, wenn es von warmer Luft umgeben ist. Wenn man einen Brocken Eis also vor dem allzu schnellen Schmelzen bewahren will, wickelt man ihn am besten in eine Wolldecke oder in einen anderen Stoff, der gut „wärmt" – damit meint man ja Stoffe, die die Wärme nicht sehr gut leiten.

Schaukeln ist schön. Manche lieben es, nur sanft hin und her zu schwingen, andere wiederum sind wagemutig: Sie treiben ihre *Schaukel* so stark an, bis sie fast im zweiten Stockwerk ankommen. Wie ist es überhaupt möglich, eine Schaukel so stark in Schwingungen zu versetzen, wenn man auf ihr sitzt – schließlich kann man sich doch nirgendwo abstoßen?

Das *Aufschaukeln* geht eigentlich ganz leicht. Wenn die Schaukel schon ein wenig schwingt, muß man immer dann seinen *Schwerpunkt* ein wenig anheben, wenn die Schaukel durch den tiefsten Punkt schwingt – zum Beispiel, indem man seine Beine anhebt. Durch die so geleistete *Arbeit* wird der Schaukel *Energie* zugeführt und dadurch die Schwingung verstärkt. Eine ruhende Schaukel kann man in Bewegung versetzen, indem man sich zurücklehnt und dabei ein kleines Stück fallen läßt. Durch die so gewonnene *Bewegungsenergie* erhält die Schaukel einen *Impuls*, der sie in Schwingung versetzt.

Beim *Fotografieren* ist es wichtig, daß der Film nicht zu kurz und nicht zu lang belichtet wird – sonst ist später auf dem Bild nicht viel zu erkennen. Daher muß man genau wissen, wie hell das zu fotografierende Objekt ist. Am besten ist es, wenn man das Licht mißt – wie aber geht das?

Man verwendet einen *Belichtungsmesser.* Ein solches Gerät ist mit einer *Fotozelle* ausgerüstet, die Lichtenergie direkt in elektrische Energie „übersetzt“. Auf diese Weise kann die vorhandene Lichtmenge auf einer Skala angezeigt werden.
Möglich ist es auch, über die entstehende elektrische Energie die Verschlußzeit und die Blendenöffnung des Kameraobjektivs direkt zu steuern.

P*opcorn* ißt (fast) jeder gern. Der eine mag's süß, der andere eher salzig. Und praktisch ist, daß man es selber leicht herstellen kann. Allerdings muß man auf der Hut sein. Die Maiskörner, die man benötigt, haben es nämlich in sich: Sie springen beim Erhitzen wild im Topf herum und manchmal auch aus diesem heraus. Warum entwickeln die kleinen Körner plötzlich soviel Temperament?

Maiskörner sind innen feucht – auch wenn ihre Hülle außen ganz trocken ist. Diese Feuchtigkeit besteht aus vielen sehr kleinen Wassertröpfchen. Beim Erhitzen verdampfen diese Tröpfchen und breiten sich daher aus. Im Inneren des Korns entsteht nun ein gehöriger *Überdruck*, der schließlich mit einem unüberhörbaren „Plop" die feste äußere Hülle sprengt. Weil die Hülle meist nur auf einer Seite gesprengt wird und dort aller Druck entweicht, schießen die Körner nach dem *Rückstoßprinzip* wie kleine Raketen im Topf herum. Von der gelben Hülle ist nach dieser kleinen Explosion nicht mehr viel zu sehen: Das weiße Innere hat sich flockig nach außen über sie gestülpt.

Warum fließt das *Wasser* aus einem *Henkeleimer* nicht aus, wenn man ihn mit Schwung kreisen läßt und dabei sogar seine Öffnung nach unten zeigt?

Die *Schwerkraft* läßt das Wasser nach unten fallen: Deshalb würde man ziemlich naß werden, wenn man den Eimer über dem Kopf umdrehen würde. Läßt man den Eimer aber kreisen, dann wirkt eine Kraft nach außen: die *Fliehkraft.* Diese Kraft drückt das Wasser gegen den Eimerboden und verhindert, daß Wasser nach unten ausfließen kann. Die Fliehkraft ist um so größer, je schneller die *Kreisbewegung* ist – so kann es bei schnellem Drehen passieren, daß der Henkel abreißt und Eimer samt Wasser nach außen geschleudert werden.

Warum platzen *Würste* eigentlich auf, wenn man sie grillt?

Die Masse, aus der eine Wurst besteht, enthält immer auch eine gewisse Menge *Wasser.* Dieses Wasser verdampft beim Grillen; es kann aber nicht die Wursthaut durchdringen. Wenn der *Druck* im Inneren der Wurst sehr groß wird, platzt die Haut auf, und der Wasserdampf kann entweichen.

Zu einem zünftigen Gartenfest gehört ein Gartengrill, auf dem der Gastgeber Würstchen und Fleisch zubereitet. So ein Grill kann aber zu einer unangenehmen Überraschung für die Gäste werden, wenn der *Wind* ihnen ständig den aufsteigenden Rauch in die Augen treibt. Ein umsichtiger Gastgeber wird also seinen Grill so aufstellen, daß niemand durch den Rauch belästigt wird. Warum kann er durch das bloße Hochstrecken eines feuchten Fingers herausbekommen, woher der Wind weht?

Der Wind läßt die Feuchtigkeit am Finger schneller verdunsten; dabei entsteht *Verdunstungskälte.* Die angefeuchtete Fingerfläche fühlt sich also dann besonders kühl an, wenn sie in die Richtung weist, aus der der Wind weht.

Warum kann man ein *Feuer* löschen, indem man *Wasser* auf die Brandstelle schüttet?

Durch die Hitze wird das Wasser in *Wasserdampf* verwandelt. Dampf ist ein heißes Gas; dieses breitet sich von der Brandstelle her aus und verdrängt dabei auch Luft. Ein Feuer benötigt aber *Luft*, um zu brennen – daher wird es durch den sich ausbreitenden Dampf schon stark „behindert“. Wenn Wasser zu Dampf wird, entzieht es seiner Umgebung *Wärme*. Dies ist ein weiterer wichtiger Grund, warum Wasser ein Feuer löschen kann. Viele Dinge brennen nämlich erst bei einer bestimmten Temperatur – und die wird meist unterschritten, wenn gerade Wasser verdampft.

Ob mit Flügeln oder mit heißer Luft – *Fliegen* ist schön

Mit dem *Flugzeug* kommt man am schnellsten in ferne Gefilde. Warum fliegt ein Flugzeug eigentlich?

Ein Flugzeug fliegt, weil seine *Tragflächen* auf eine bestimmte Weise geformt sind. Oberhalb der Tragflächen muß die Luft einen längeren Weg zurücklegen als unterhalb, um nach hinten zu gelangen. Daher entsteht oben ein *Unterdruck*, der eine *Auftriebskraft* verursacht. Dieser Auftrieb ist es vor allem, der ein Flugzeug fliegen läßt. Durch Veränderungen an den Tragflächen während des Fluges kann die Auftriebskraft verstärkt oder vermindert werden.

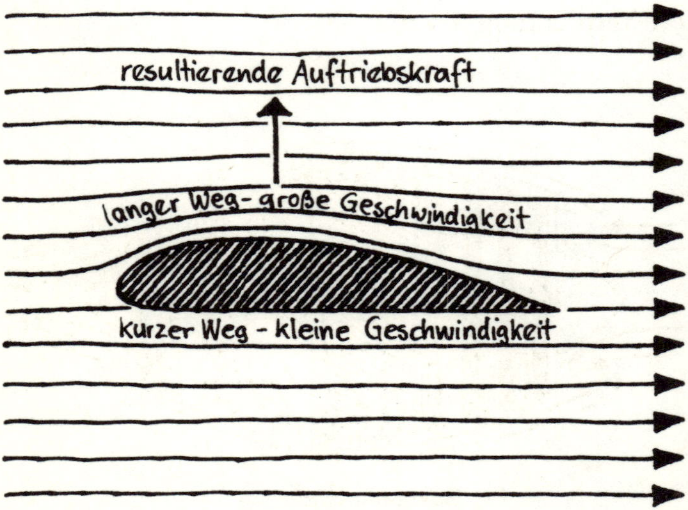

Auf welche Weise erreichen moderne *Verkehrsflugzeuge* ihre hohen Reisegeschwindigkeiten?

Moderne Verkehrsflugzeuge sind mit *Düsentriebwerken* ausgestattet. Bei diesen Triebwerken wird zunächst die vorne einströmende Luft verdichtet und so auf einen hohen Druck gebracht. Die hoch verdichtete Luft durchläuft eine Brennkammer, in der Kraftstoff verbrannt wird. Die *Verbrennungsgase* treten dann mit hoher Geschwindigkeit hinten durch eine Düse aus und erzeugen dadurch nach dem *Rückstoßprinzip* den erforderlichen Schub nach vorne. Die Verbrennungsgase treiben außerdem eine Turbine an, die die erforderliche Arbeit für die Verdichtung der Luft leistet.

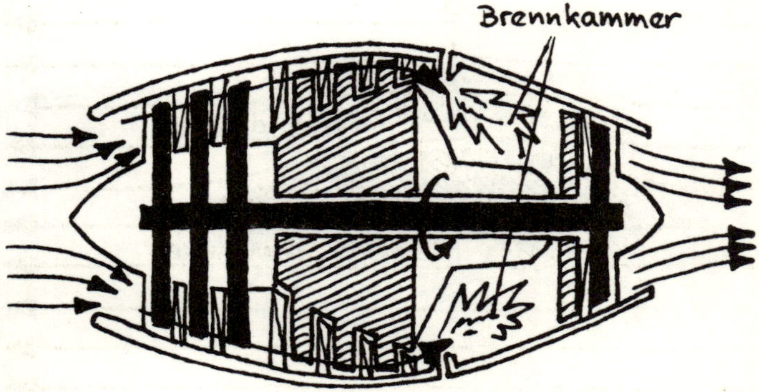

Schematisch

Warum kann ein *Hubschrauber* vom Erdboden abheben und sich senkrecht nach oben bewegen?

Die Kraft, die den Hubschrauber aufsteigen läßt, ist dieselbe Kraft, die ein Flugzeug fliegen läßt. Die Aufgabe der Tragfläche übernimmt beim Hubschrauber eine Art Flügel, den man *Rotor* nennt. Das Flugzeug muß erst eine hohe Geschwindigkeit erreichen, um fliegen zu können – dann stellt der Luftstrom die nötige *Auftriebskraft* her. Beim Hubschrauber muß ebenfalls eine hohe Geschwindigkeit erreicht werden – und zwar vom Rotorflügel, während der Hubschrauber noch ruhig auf der Erde steht. Wenn der Rotor sich schließlich mit einer bestimmten Geschwindigkeit dreht, zieht die Auftriebskraft den Hubschrauber nach oben.

Vom Erdboden abheben und lautlos über Berg und Tal schweben – das ist ein uralter Traum der Menschheit. Erfüllen kann man sich diesen Traum auf ziemlich einfache Weise: Man besteigt die Gondel eines *Freiballons*, und ab geht's in die Lüfte. Warum steigt ein Ballon eigentlich so problemlos in die Höhe?

Schlicht und einfach *heiße Luft* ist es, die üblicherweise einen Freiballon in die Höhe steigen läßt. Beim Erwärmen wird Luft nämlich immer leichter, und wenn sie durch einen Brenner gehörig erhitzt wird, kann sie sogar einen schweren Ballon samt Gondel und Mitfahrer nach oben befördern.
Neben den *Heißluftballons* gibt es auch Ballons, die mit bestimmten Gasen (Wasserstoff oder Helium) gefüllt sind; diese *Gase* sind leichter als Luft und lassen den Ballon in die Höhe steigen.

Wie Nichtschwimmer Zeitung lesen und Schwergewichtige in die Tiefe sinken – in den *Ferien am Meer* gehen sogar die Steine baden

Warum schmeckt *Meerwasser* salzig?

Alles *Salz* im Meerwasser stammt aus dem *Erdreich.* Das Wasser durchspült auf seinem langen Weg von einer Regenwolke bis hin zum Meer viele Meter Erdboden und nimmt dabei auch immer wieder etwas Salz mit. Im Laufe von Millionen von Jahren hat es auf diese Weise viele Milliarden Tonnen Salz ins Meer befördert. Das Salz bleibt im Meer, während ein Teil des Wassers wieder verdunstet und als Regenwolke zurück übers Land wandert – wo der Kreislauf von neuem beginnt und das Wasser dann aus dem Erdreich erneut ein klein wenig Salz mitnehmen wird.

Wenn man Glück hat, verbringt man die Sommerferien bei schönem Wetter voller Sonnenschein. Wie ist es möglich, daß trotz gleichmäßig schönen Wetters das Wasser am Strand an manchen Tagen viel kühler ist als sonst?

Der *Wind* verändert die *Wassertemperatur* manchmal auf ganz spürbare Weise. Er kühlt das Wasser zwar nicht ab, doch treibt er – wenn er längere Zeit von der Landseite her weht – das warme Wasser vom Strand weg. Warmes Wasser ist nämlich leichter als kaltes, daher befindet es sich immer an der Oberfläche eines Gewässers – und diese Oberflächenschicht kann der Wind „fortwehen". In so einem Fall strömt dann kühleres Wasser aus tieferen Schichten nach. Wenn der Wind dagegen zum Ufer hin bläst, staut sich in der flachen Zone dort sogar das wärmere Wasser – dann kann es einem vorkommen, als würde man zum Schwimmen in eine Badewanne steigen.

Schwimmen im *Meer* hat seine zwei Seiten: Einerseits brennt das *Salz* des Meerwassers in den Augen, andererseits geht es mit dem Schwimmen leichter. In sehr salzhaltigem Wasser – zum Beispiel im Toten Meer – kann man sich sogar aufs Wasser legen und Zeitung lesen, ohne unterzugehen. Warum wirkt Salz hier wie ein Schwimmring?

Beim Schwimmen wirkt auf jeden Körper eine aufwärts gerichtete Kraft, der *Auftrieb.* Diese Kraft ist gleich dem Gewicht der von dem Körper verdrängten Wassermenge. *Salzwasser* ist aber schwerer als *Süßwasser*; es hat eine größere *Dichte.* Daher ist der Auftrieb in Salzwasser größer (bei der gleichen Menge verdrängten Wassers). Bei sehr salzhaltigem Wasser wird ein Mensch also ohne irgendwelche Schwimmbewegungen leicht vom Auftrieb getragen.

Manche Menschen haben Angst, im Wasser unterzugehen und nicht mehr auftauchen zu können. Andere wollen anscheinend gar nicht mehr auftauchen – warum denn sonst tragen sie um die Hüfte einen Gürtel mit schweren *Metallplatten*, wenn sie ins Wasser gehen?

Diese Menschen sind *Taucher* – daher wollen sie tatsächlich ein gutes Stück weit unter die Wasseroberfläche gelangen. Der im Wasser auch auf den menschlichen Körper wirkende *Auftrieb* macht das Tauchen in einige Meter Tiefe aber fast unmöglich. Die Metallplatten erleichtern das Tauchen also sehr, da ihre *Gewichtskraft* dem Auftrieb entgegengesetzt wirkt. Und beim Auftauchen stören sie kaum – dazu ist ihre Gewichtskraft nicht groß genug.

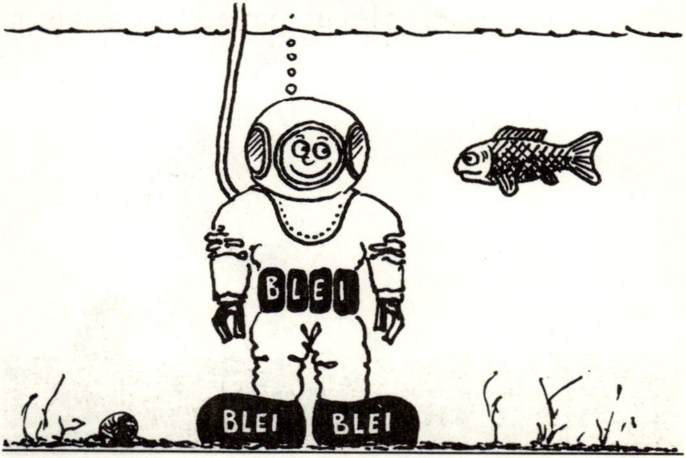

Warum darf ein *Taucher*, der sich viele Meter unter der Wasseroberfläche befindet, nicht schnell in die Höhe steigen und auftauchen?

Unter Wasser nimmt der *Druck* stetig zu. Und an diese veränderten Druckverhältnisse muß sich der menschliche Körper erst langsam anpassen. Nimmt der Außendruck beim raschen Auftauchen schnell ab, bilden sich im Blut kleine *Gasbläschen*, die zu schweren gesundheitlichen Störungen, der *Taucherkrankheit*, führen können. Beim langsamen Auftauchen werden diese Gasbläschen hingegen über die Lunge ausgeschieden und können daher keinen Schaden anrichten.

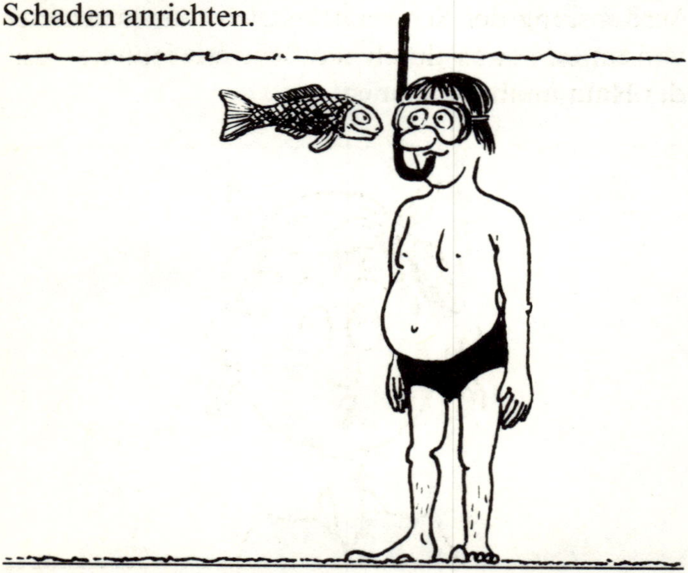

Wenn's heiß ist, schwitzt man. Warum schwitzt man aber am heißen Meeresstrand viel weniger als in einem sehr warmen Zimmer?

Durch *Schwitzen* versucht der Körper auch, seine Temperatur auf der richtigen Höhe zu halten – denn beim Verdunsten von Schweiß entsteht *Verdunstungskälte*. Tatsächlich schwitzt man wohl am Strand genauso stark wie in einem warmen Zimmer. Wenn am Strand aber eine kleine Brise weht, verdunstet die Schweißflüssigkeit sehr rasch – die Haut ist dann immer fast trocken. In einem Zimmer dagegen weht normalerweise kein Wind, hier geht die Verdunstung der Schweißflüssigkeit viel langsamer vonstatten – was durch die Schweißtröpfchen auf der Haut unübersehbar ist.

ebenso: Fahrradfahrer

Warum glaubt man das Meeresrauschen zu hören, wenn man eine größere *Muschel* ans Ohr hält?

Es ist gar nicht das Meeresrauschen, das auf geheimnisvolle Weise irgendwie in der Muschel gefangen ist. Denn alle kleineren und größeren Geräusche in der Umgebung regen durch *Resonanz* die in der Muschel enthaltene Luft zum *Schwingen* an, was als gleichmäßiges Rauschen wahrgenommen wird. Selbst die Luft, die an der Muschel vorbeistreicht, löst kleinere Wirbel und damit geringe *Druckschwankungen* aus. Diese Druckschwankungen sind als Schallwellen, die in der Muschel durch Resonanz verstärkt werden, für das menschliche Ohr hörbar.

Warum sieht *feuchter Sand* dunkler aus als trockener? Wasser ist doch farblos und kann den Sand also nicht dunkel färben?

Das Sonnenlicht wird von trockenen Sandkörnchen sehr gut *reflektiert*; darum sieht trockener Sand auch fast weiß aus. Feuchte Sandkörnchen aber sind von einer dünnen Wasserschicht umgeben, und diese Wasserschicht „verschluckt" einen Teil des Lichts. Viele Lichtstrahlen, die von der Oberfläche des Körnchens zurückgeworfen werden, werden nämlich an der Grenzlinie zwischen Wasser und Luft erneut reflektiert: nach unten zum Sandkörnchen hin. Durch diese *Totalreflexion* dringt ein großer Teil der Lichtstrahlen nicht nach außen, und der Sand sieht deshalb recht dunkel aus. Auf dem dunklen Sand glitzert es aber auch hier und da: Dieses Glitzern wird von Lichtstrahlen verursacht, die direkt an der Oberfläche der Wasserschicht reflektiert werden.

Legt man am Strand einen *Stein* so auf den *Sand*, daß er immer wieder vom *Wasser* umspült wird, wird der Stein bald im Sand „versinken“. Warum wird gerade der Sand um den Stein herum weggespült?

Das Wasser wird in seiner Bewegung abgelenkt und fließt in einem Bogen um den Stein herum. Dabei erhöht sich seine Geschwindigkeit im Vergleich zum ungehindert fließenden Wasser. Nach einem vom Physiker *Bernoulli* aufgestellten Gesetz ist dann der Druck im Wasser geringer – dadurch entsteht ein *Sog*, der die Sandkörnchen um den Stein fortspült. Auf diese Weise werden Steine sogar unterspült und versinken allmählich im Sand.

Warum weht am *Meer* der *Wind* abends fast immer von der Wasserseite und morgens von der Landseite her?

Tagsüber heizt sich der Erdboden durch die Sonneneinstrahlung auf. Dadurch *erwärmt* sich hier auch die Luft und steigt in die Höhe. Direkt über dem Erdboden entsteht auf diese Weise eine Art *Unterdruck*, der mit Luft vom Meer (das nicht so warm ist wie der Erdboden) her wieder „aufgefüllt“ wird. In der Nacht aber kühlt der Erdboden rasch ab – und nun ist das Meer wärmer (denn es gibt seine Wärme nicht so schnell ab). Daher steigt nun die Luft über dem Meer auf, und die kühle Luft über dem Land weht als „Nachschub“ aufs Meer hinaus.

Bei einem Spaziergang durch die Sanddünen kann man deren eigenartige Oberfläche bewundern: Die Dünen sind mit feinen, aber deutlich erkennbaren Wellenfurchen überzogen. Woher kommt dieses merkwürdige Muster auf dem Sand?

Der *Wind* läßt diese ganz regelmäßig angeordneten *Furchen* entstehen. Wenn er nämlich über den immer ein wenig unebenen Sand streicht, erhöht sich seine Geschwindigkeit über jeder der vielen kleinen Erhebungen im Sand (denn hier bewegt sich die Luft nicht geradlinig, sondern über einen kleinen Bogen vorwärts). Dabei vermindert sich an diesen Stellen auch der Druck der Luft, und es entsteht ein *Sog*, der einige Sandkörnchen direkt hinter der Bodenerhebung mit sich zieht. Nach der kleinen Anhöhe vermindert sich die Geschwindigkeit der Luft wieder, und die Sandkörnchen werden abgelagert, wodurch sich eine neue Bodenerhebung bildet. Auf diese Weise entstehen in regelmäßigen Abständen kleine Furchen im Sand. Diese Furchen nennt man übrigens *Rippelmarken*; ihre scharfen Kanten befinden sich immer auf der windabgewandten Seite – denn von dort werden schließlich die Sandkörnchen mitgezogen.

Am Rumpf großer Frachtschiffe ist oft eine Markierung – die *Wasserlinie* – angebracht, die anzeigt, wie weit das Schiff ins Wasser eintauchen darf, ohne überladen zu sein. Manchmal sieht man bei einer Hafenbesichtigung aber Schiffe, deren Wasserlinie sich schon unter dem Wasserspiegel befindet – trotzdem werden sie noch weiter beladen. Warum kann man dem Kapitän nicht vorwerfen, er würde sein Schiff überladen?

Es ist der *Auftrieb*, der ein Schiff schwimmen läßt. Dieser Auftrieb entspricht dem Gewicht des vom Schiff verdrängten Wassers. Wasser ist aber nicht gleich Wasser: *Salzwasser* ist schwerer als *Süßwasser*, es hat eine größere *Dichte*. Ein und dasselbe Schiff taucht also in Salzwasser weniger tief ein (das heißt, es verdrängt weniger Wasser) als in Süßwasser – in beiden Fällen erfährt es aber denselben Auftrieb.
Manche Häfen liegen in einer Flußmündung – die Hafenbecken sind also mit Süßwasser gefüllt. Die Schiffe aber fahren von dort hinaus aufs offene (Salzwasser-)Meer. Daher kann ein Schiff im Süßwasser noch überladen erscheinen (hier taucht es eben tiefer ein), wenn es dann aber erst im Salzwasser Fahrt macht, wird man feststellen, daß die Wasserlinie nicht mehr unter dem Wasserspiegel liegt.

Um das Beladen in Süßwasserhäfen zu erleichtern, haben daher manche Schiffe zwei Wasserlinien am Rumpf: eine für Süß- und eine für Salzwasser. Moderne Seeschiffe haben inzwischen eine sog. *Freibordmarke,* die genau anzeigt, wie das Schiff bei welchen Verhältnissen beladen werden darf.

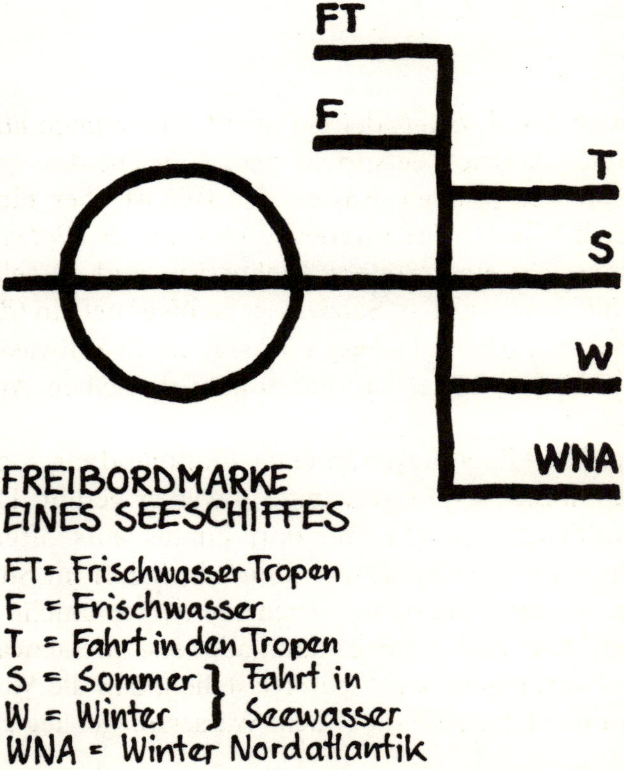

Wo grinsende Gespenster
Gondeln erschrecken
und Wasserfälle zu singen
beginnen –
wer *Ferien im Gebirge*
verbringt, muß morgens
besonders vorsichtig
sein

Eine *Seilbahnfahrt* ist eine bequeme Sache: In wenigen Minuten hat man viele hundert Meter Höhenunterschied überwunden, ohne dabei ins Schwitzen gekommen zu sein. Doch während der Fahrt – aufwärts gleichermaßen wie abwärts – spürt man einen eigenartigen *Druck* in den Ohren. Wo kommt dieser Ohrendruck her?

Mit steigender Höhe nimmt der *Luftdruck* nach und nach ab. In den ersten Minuten der Seilbahnfahrt befindet sich im Ohr noch Luft mit einem Druck, wie er auf der Höhe der Talstation herrscht. Der Luftdruck, der von außen auf das *Trommelfell* des Ohres wirkt, wird aber bei rascher Bergfahrt immer geringer; das Trommelfell wölbt sich deshalb nach außen. Durch Schlucken oder durch verschiedene Kieferbewegungen kann man nun versuchen, die „dünnere" Luft auch ins Ohrinnere dringen zu lassen und so einen Druckausgleich zwischen innen und außen herzustellen; wenn das Trommelfell wieder in seine ursprüngliche Stellung zurückkehrt, spürt man im Ohr ein leichtes Knacken.
Bei der Talfahrt entsteht wieder ein *Druckunterschied*, diesmal allerdings genau umgekehrt: Außen herrscht bald ein höherer Luftdruck als im Ohrinneren, und das Trommelfell wölbt sich nach innen.

Nicht nur die Ohren bekommt man während einer Bergfahrt zu spüren: Wenn die *Gondel* der *Seilbahn* einen Stützpfeiler passiert und danach für einen Moment nach unten zu fallen scheint, bekommt man ein flaues Gefühl in der Magengegend. Leidet der Magen etwa auch unter Druckproblemen?

Der Magen bewegt sich in so einem Fall leicht nach oben. Er folgt dem Gesetz der *Trägheit*, das besagt, daß alle Dinge ihre Bewegung oder ihren Ruhezustand beibehalten wollen. Weil sich die Bahn aber gerade noch nach oben bewegt hat, streben unsere inneren Organe für einen Moment weiter in diese Richtung – schließlich können sie sich im Bauch ein kleines Stück weit frei bewegen.

Das kann ja heiter werden, denkt mancher Magenschwache, wenn er in die *Gondel* einer Seilbahn steigt. Er weiß nämlich, daß ihm das Schwanken und Schaukeln in einer solchen Bahn gar nicht gut bekommt. Da ist es schon ein Trost, wenn ein Begleiter ihm auf der Fahrt sagen kann: „Jetzt haben wir schon die halbe Strecke hinter uns." Aber: Woher weiß der das eigentlich – schließlich sieht man im Moment weder Tal- noch Bergstation?

Der Begleiter weiß dies, weil gerade am Seil nebenan eine andere *Gondel* vorüberfährt. Die beiden Gondeln (es sind immer nur zwei) einer *Seilbahn* sind nämlich in einem ganz bestimmten Abstand am Tragseil befestigt – so, daß eine das *Gegengewicht* für die andere bildet. Wenn sich die eine Gondel in der Bergstation befindet, verweilt die andere gerade in der Talstation. Und wenn sich die beiden Gondeln begegnen, haben beide jeweils genau die Hälfte ihrer luftigen Fahrt hinter sich gebracht.

Halbzeit
?

Bei einer längeren Bergwanderung geht's manchmal stundenlang bergauf – dabei wird ein respektabler *Höhenunterschied* überwunden. Da möchte dann mancher Wanderer schon mal gern wissen, wie viele Meter er inzwischen höher ist als zu Beginn der Bergtour. Wie kann man den Höhenunterschied auch ohne *Höhenmesser* bestimmen?

Ganz ohne Geräte kommt man nicht aus: Benötigt werden ein kleiner Kocher samt Topf, außerdem Wasser und ein genau anzeigendes Thermometer. Das Wasser wird zum Kochen gebracht und dabei die Siedetemperatur gemessen. Wenn man zuvor auch den Siedepunkt des Wassers bei Beginn der Wanderung gemessen hat, kann man über die Differenz der Temperaturen den Höhenunterschied bestimmen. Mit zunehmender Höhe sinkt nämlich der *Luftdruck*, und dadurch sinkt auch die Siedetemperatur des Wassers – je 100 Meter um etwa 0,3 °C. Um bei so geringen Temperaturveränderungen den Höhenunterschied genau festzulegen, benötigt man also schon ein sehr genau anzeigendes Thermometer. Übrigens: Der Siedepunkt des Wassers liegt in Meereshöhe bei 100 °C.

B*ergsteiger* müssen eigentlich immer besonders umsichtig zu Werke gehen. Warum müssen sie aber vormittags ganz besonders vorsichtig sein?

In den Ritzen und Spalten des Felsgesteins sammelt sich Wasser, das in kalten Nächten zu *Eis* gefriert. Wasser dehnt sich aber beim Gefrieren aus und kann so *Gesteinsbrocken* von innen her aufsprengen. Wenn dann vormittags die Sonne das Gestein ein wenig erwärmt, kann sich ein Brocken ablösen und in die Tiefe stürzen. Gefährlich ist es natürlich auch, wenn ein Bergsteiger Halt an einem Stück Fels sucht, der aus dem gleichen Grund nicht mehr fest mit dem übrigen Gestein verbunden ist.

Im *Gebirge* kann man oftmals ganz eigenartige Gebilde bewundern: hohe, schlanke Felszinnen, auf deren Spitzen manchmal sogar riesige Felsbrocken liegen. Wie kommt es zu diesen so künstlich wirkenden Formen?

Zu solchen geheimnisvoll aussehenden Formen kommt es durch *Erosion.* Wasser und Wind wirken auf jedes Berggestein ein und tragen im Lauf der Zeit *Schicht* um Schicht ab. Da das Gestein aber nicht überall gleich hart ist, wird es nicht gleichmäßig abgetragen – deshalb ragen manchmal schlanke Felszinnen in die Höhe: Weicheres Gestein wurde hier abgetragen, während der härtere Kern noch Wind und Wetter trotzt. Auf diese Weise kann es auch vorkommen, daß das vergleichsweise weiche Gestein unter einem harten Felsbrocken nach und nach fortgespült wird und der Brocken auf einer kleinen Auflagefläche zu balancieren scheint.

Ein Wasserfall verursacht normalerweise einen ziemlichen Lärm. In seiner Nähe versteht man kaum das eigene Wort. Da wundert man sich, wenn man plötzlich einen leisen, fast singenden Ton vernimmt. Wie entsteht diese leise „Zugabe" zum lauten Wasserfallgetöse?

Dieses leise Geräusch ist nur dann zu hören, wenn man direkt neben einer Mauer oder einer Felswand steht. Von ihr werden nämlich die vom Wasserfall kommenden *Schallwellen* zurückgeworfen und verstärken dadurch am menschlichen Ohr bestimmte Schallwellen – also *Töne*. Je näher man an der Wand steht, um so kürzer werden diese Schallwellen sein – also wird der Ton auch recht hoch sein. In einem größeren Abstand zu einer Wand werden am Ohr längere Wellen verstärkt – dann hat das Zusatzgeräusch einen tieferen Ton.

In manchen Gegenden der Erde kann man Spuren von Tieren entdecken, die vor Millionen von Jahren auf der Erde gelebt haben. Solche *Fossilien* bestehen manchmal auch aus Resten von Pflanzen. Wie sind diese steinernen Zeugen einer längst vergangenen Zeit entstanden?

Um Fossilien entstehen zu lassen, mußten diese Lebewesen direkt nach dem Absterben von *Schlammablagerungen* umgeben werden, so daß sie nicht verwesen konnten oder gefressen wurden. Im Lauf der Zeit wurden die Schlammablagerungen zu *Stein*, wobei das eingeschlossene Lebewesen oder Spuren von ihm auf verschiedene Weise erhalten werden konnte. Meist wurden die weicheren Teile des Organismus durch Wasser ausgespült und dabei durch bestimmte *Minerale* ersetzt (zum Beispiel durch Quarz oder Calcit). Manchmal wurde der Organismus während einer sehr langen Zeit ganz aufgelöst – auf diese Weise blieb nur ein *Abdruck* im Stein zurück.

Auf dem Brocken, einem Berg im Harz, treibt ein Gespenst sein Unwesen. Das glauben jedenfalls einige Leute, die dort schon merkwürdige Erscheinungen gesehen haben: riesengroße *Schatten*, die von vielfarbigen Ringen umgeben sind. Das „Brockengespenst" verirrt sich ab und zu auch auf andere Berge, meistens bei nebeligem Wetter. Welche Erklärung gibt es für solche „Geistererscheinungen"?

Die vielfarbigen Ringe bei solchen *Nebelbildern* entstehen ganz einfach durch *Lichtbrechung*: Das weiße Sonnenlicht wird in den feinen Wassertröpfchen des Nebels in die Regenbogenfarben gebrochen. Und die Schatten haben auch eine ganz natürliche Ursache: Bei tiefstehender Sonne werfen eben alle möglichen Dinge Schatten auch auf eine Nebelwand. Sie scheinen manchmal riesengroß zu sein, weil man die Entfernung der Nebelwand überschätzt.

Durch steinige Betten zum Hinterhof der Sonne – *in freier Natur* sind Coladosen unerwünscht

Wer zuerst mit dem großen Zeh testet, ob das *Wasser* eines Sees auch ausreichend warm ist, freut sich manchmal zu früh: Kaum ist man ein Stück weit geschwommen, kann man mit Frösteln feststellen, daß die unteren Wasserschichten im See doch noch ziemlich kühl sind. Warum hat das Wasser nicht eine gleichmäßige *Temperatur*, und warum ist es an der *Oberfläche* immer am wärmsten?

Die wärmenden Sonnenstrahlen treffen auf der Oberfläche eines Sees auf und heizen deshalb die oberen Schichten am meisten auf. Außerdem: *Warmes Wasser* dehnt sich aus, ein Liter warmes Wasser ist daher leichter als ein Liter kühleres Wasser. Aus diesem Grund steigt warmes Wasser immer nach oben, kühles dagegen sinkt nach unten.

Beim Schwimmen spürt man es: Kaltes *Wasser* ist schwerer als warmes und sinkt nach unten. Darum müßte doch ein *See* von unten her zufrieren. Warum bildet sich aber zuerst an der Oberfläche *Eis*?

Tatsächlich zieht sich Wasser beim *Abkühlen* zusammen und wird daher schwerer. Dies gilt aber nur bis zu einer Temperatur bis 4 °C. Wenn es kälter wird als 4 °C, dehnt sich das Wasser wieder aus und wird daher leichter. In einem See sinkt abgekühltes Oberflächenwasser in die Tiefe und wärmeres steigt aus tieferen Schichten auf, bis alles Wasser im See eine Temperatur von 4 °C hat. Nun sinkt weiter abgekühltes Wasser nicht mehr nach unten, sondern bleibt an der Oberfläche. 0 °C kaltes Wasser (also Eis) ist dann am leichtesten – darum bildet sich zuerst an der Wasseroberfläche eine Eisschicht.

Im *Winter* muß sich also zunächst das gesamte Wasser auf 4 °C abgekühlt haben, bevor sich Eis bilden kann; denn jedes noch wärmere Wasser würde ja an die Oberfläche steigen.

Diese Eigenschaft des Wassers, sich anders als alle anderen Flüssigkeiten nur bis zu einer Temperatur von 4 °C zusammenzuziehen und dann wieder auszudehnen, bezeichnet man als die *Anomalie* des Wassers.

Damit Kühe auf ihrer Weide bleiben, stellt der Bauer einen Zaun auf. Dieser Zaun ist manchmal nicht sehr stabil und besteht nur aus einem dünnen *Draht.* Trotzdem hält er die Kühe vom Davonlaufen ab, er hat es nämlich „in sich“: Durch ihn fließt ein schwacher *Strom.* Das bekommt man als unangenehmes Kribbeln zu spüren, wenn man ihn anfaßt. Wann spürt man den Strom besser – wenn man den Draht mit einem grünen oder mit einem vertrockneten Grashalm berührt?

Man spürt den Strom, wenn man ihn mit einem frischen Halm berührt. Der Pflanzensaft im Inneren des Halmes leitet *Elektrizität* nämlich sehr gut. In einem vertrockneten Halm aber gibt es keine Flüssigkeit mehr, die den *Strom* leiten könnte.

Wie man sich bei einem *Gewitter* verhalten soll, dafür gibt es viele Ratschläge. Einer davon: Man soll nicht laufen. Ist dieser Rat richtig?

Tatsächlich ist es aus mehreren Gründen nicht ratsam, seinen Spaziergang fortzusetzen oder gar zu einem Unterstand zu rennen. Schlägt nämlich in der Nähe ein *Blitz* in einen Baum ein, so fließt auch in seiner Umgebung *Strom* durch die Erde. Diese *Energie* nimmt mit größerer Entfernung zum Baum allmählich ab – daher kann sie unter einem Bein größer sein als unter dem anderen. Wenn der *Spannungsunterschied* zwischen den Beinen groß genug ist, fließt der Strom durch den Körper, da dieser den Strom besser leitet als die Erde – und das ist lebensgefährlich. Bei einem Gewitter ist es also am besten, seine Füße dicht zusammenzuhalten.

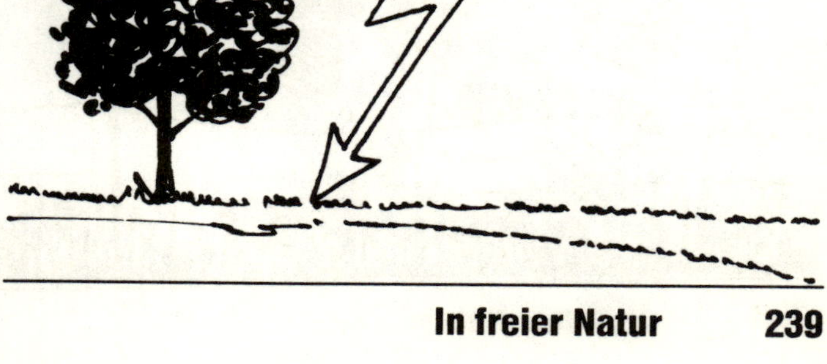

Auf welche Weise können auch *Getränkedosen* in der Natur einen Brand verursachen – sie sind doch aus Metall und nicht aus Glas?

Die Dosenunterseite ist nach innen gewölbt, um dem Druck von innen besser standhalten zu können. Diese gewölbte Unterseite ist meist recht blank und kann daher die Sonnenstrahlen wie ein *Hohlspiegel* reflektieren und bündeln. Auf diese Weise kann sich trockenes Gras oder Laub in ein paar Zentimetern Abstand vom Dosenboden (im *Brennpunkt* des „Dosenhohlspiegels“) entzünden.

Warum ist ein *Flußbett* im Bergland meist viel steiniger als eines in flacheren Regionen?

Im Bergland ist die *Fließgeschwindigkeit* höher – deshalb können Flüsse hier auch *Steine* und *Geröll* mit sich führen. Außerdem werden durch das schnell fließende Wasser kleinere Steine und Sand fortgeschwemmt und dadurch größere Steinbrocken freigespült.
In flacheren Landstrichen, wenn der Fluß gemächlicher dahinfließt, kann das Wasser kein Gestein mehr mit sich führen – im Gegenteil: sogar Sand und Schlamm sinken jetzt zu Boden und werden abgelagert.

In manchen Gegenden Mitteleuropas kann man im Sommer abends *Fledermäuse* beobachten. In schnellem Tempo schwirren sie durch das Halbdunkel und weichen geschickt jedem Hindernis aus. Warum können sich Fledermäuse so gut im Dunkeln *orientieren*?

Fledermäuse sehen sehr schlecht, dafür ist bei ihnen ein anderer Sinn sehr gut ausgebildet: das *Gehör*. Sie senden während des Fluges *Schallwellen* aus, die von jedem Gegenstand zurückgeworfen werden und dann – wie ein Echo – an die verhältnismäßig großen Ohren der Fledermäuse dringen. Auf diese Weise können sie sich in der Dunkelheit sehr gut orientieren und natürlich auch ihre Beutetiere, die Insekten, ganz genau orten.

Der von Fledermäusen ausgesandte Schall ist für Menschen nicht hörbar. Dieser *Ultraschall* liegt nämlich außerhalb des für Menschen hörbaren Schallbereichs.

In Museen kann man sehr alte Gegenstände bewundern. Wie kann man deren genaues Alter bestimmen?

In allen Gegenständen, die pflanzliche oder tierische Bestandteile enthalten (zum Beispiel Holz, Leder oder Textilien), findet man geringe Spuren eines *radioaktiven* Stoffes, dessen *Strahlung* sehr langsam und sehr gleichmäßig abnimmt und dessen Strahlungsverlauf und -dauer bekannt sind. Wenn man die „*Reststrahlung*" mißt, kann man das Alter eines solchen Fundes aus alten Zeiten sehr genau bestimmen. Auf diese Weise ist es zum Beispiel möglich, das Alter eines Fachwerkhauses zu errechnen – man mißt die Strahlung in den alten Holzbalken. Solche Messungen sind auch bei vielen Gesteinsarten möglich, wenn sie geringe Mengen radioaktiver Stoffe enthalten.

Warum fließen manche Flüsse in weiten Schleifen zu Tal?

Auf seinem Weg hinab zum Meer oder zu einem anderen Fluß muß sich jeder *Fluß* den Ungleichmäßigkeiten des Geländes anpassen. So muß er vielleicht an einer Stelle hartem Gestein ausweichen und einen Bogen beschreiben. In einem solchen Flußbogen trägt die Wasserströmung am äußeren Ufer durch *Erosion* ständig Erdreich ab, während am inneren Ufer mitgeführter Schlamm angeschwemmt wird. Auf diese Weise erweitern sich die Schleifen, die man *Mäander* nennt, ständig.

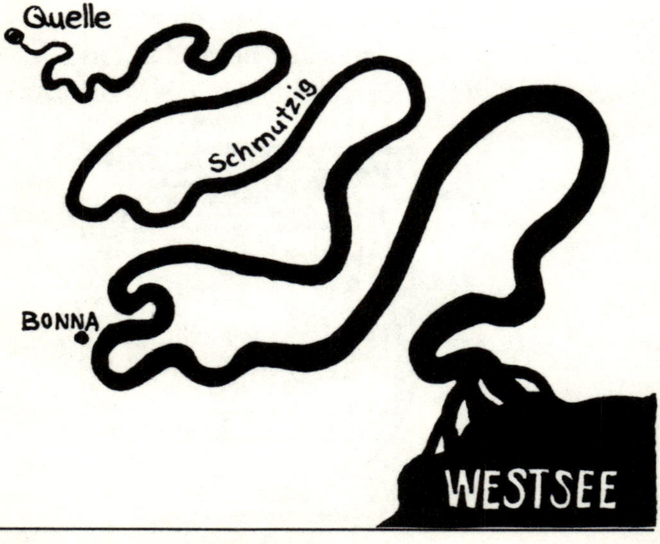

Warum liegt manchmal ein *Flußbett* einige Meter höher als die Wiesen und Äcker, die den Fluß umgeben?

Ein Fluß führt eine Menge Schlamm und Gestein mit sich. Je schneller er fließt, desto mehr kann er mitführen. Sobald die *Fließgeschwindigkeit* aber abnimmt, wird viel von dem mitgeführten Material als *Sediment* abgelagert. Auf diese Weise erhöht sich nach und nach das Flußbett, und die Umgebung muß durch hohe Dämme vor Überschwemmungen geschützt werden.

Warum fließen große Flüsse nicht geradewegs ins Meer, sondern bilden im Mündungsbereich viele Nebenarme?

Ursprünglich sind sie tatsächlich auf dem kürzesten Weg ins Meer geflossen. Doch nach dem Einmünden ins Meer verliert ein *Fluß* sehr schnell seine *Strömungsgeschwindigkeit* – und dadurch lagern sich hier alle im Fluß mitgeführten *Sedimente* ab. Auf diese Weise entsteht direkt an der Mündung eine Sandbank, die bald so hoch ist, daß sie den Fluß in zwei Arme teilt. Dieser Vorgang wiederholt sich ständig, so daß der Mündungsbereich, das *Delta*, immer weiter ins Meer hinaus wächst und immer neue Nebenarme entstehen.

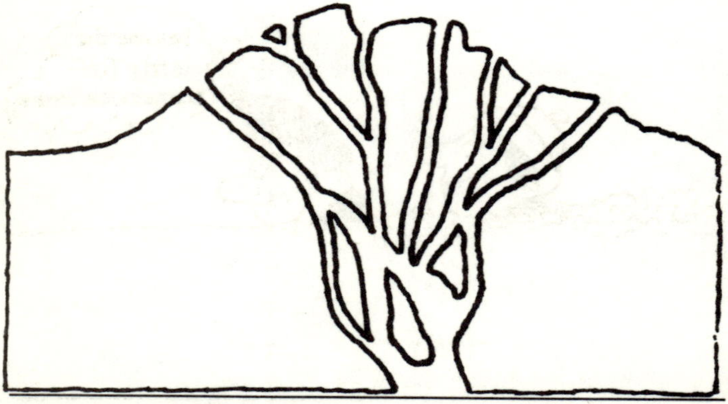

In einer tiefverschneiten Winterlandschaft eine Wanderung zu unternehmen, ist kein einfaches Vorhaben: Ständig sinkt man in den *Schnee* ein und kommt daher nur mühsam vorwärts. Wie kann man sich behelfen?

Wichtig ist es, das auf den Schnee einwirkende Körpergewicht auf eine größere Fläche zu verteilen – je größer die *Fläche*, um so geringer ist der *Druck* (bei gleichbleibender *Kraft* = Körpergewicht). Daher ist man gut beraten, sich bei solch einer Wanderung mit großflächigen *Schneeschuhen* auszustatten.
Eine andere Möglichkeit ist das Unterschnallen von *Skiern*. Allerdings fällt mit ihnen – wegen der recht glatten Unterseite – das Bergaufsteigen nicht leicht; deshalb sollte man ihre *Reibung* durch zusätzliche Steigfelle erhöhen.

Mit einem *Kompaß* findet man überall hin. Anscheinend ist es recht einfach, sich mit Hilfe des Kompasses „immer geradeaus" fortzubewegen. Und wer immer geradeaus einer Richtung folgt – zum Beispiel nach Nordosten –, müßte doch irgendwann wieder an seinem Ausgangspunkt ankommen – schließlich ist die Erde eine Kugel? Warum wird das aber nur in ganz wenigen Fällen gelingen?

Wer von einer beliebigen Stelle auf der Erde zum Beispiel in Richtung Nordost geht, kommt irgendwann mit Sicherheit am Nordpol an. Er bewegt sich schließlich zugleich in östlicher und in nördlicher Richtung. Zwar kann man praktisch unendlich nach Osten gehen (dabei umrundet man die Erde); nach Norden (genauso wie nach Süden) aber ist der Weg „endlich": Irgendwann (am Nordpol nämlich) geht es nicht weiter nordwärts. Wer also eine *Himmelsrichtung* einschlägt, die nur ein klein wenig nach Nord oder Süd führt (zum Beispiel Westsüdwest), findet sich irgendwann an Nord- oder Südpol wieder. Nur die Himmelsrichtungen West oder Ost führen tatsächlich (nach Umrundung der Erde) an den Ausgangspunkt zurück.

N
Hier lebe ich
W
O
S

Die *Sonne* sieht aus wie ein riesiges Stück glühender Kohle. Besteht die Sonne tatsächlich aus glühendem Material – und warum ist sie eigentlich so *heiß*, daß wir ihre *Wärme* auch auf der Erde spüren können?

Die Sonne ist eigentlich ein ziemlich gewöhnlicher Stern. Sie erscheint uns nur so groß, weil sie sich vergleichsweise nahe bei der Erde befindet. Die Sonne besteht nicht aus festem Material, sondern aus *Gas*: In ihrem Inneren wird bei einer Temperatur von 10 Millionen Grad Celsius durch eine *Kernfusion* das Gas *Wasserstoff* in das Gas *Helium* umgewandelt. Die Oberfläche der Sonne ist „nur" 6000 °C heiß – von dort wird ein Teil der *Sonnenenergie* abgestrahlt.
Ohne diese Energie könnte es auf der Erde kein Leben geben. Allerdings gelangt von der gesamten Sonnenenergie nur ein sehr geringer Teil zu unserer Erde: in 100 Jahren gerade so viel, wie in der Sonne in einer Sekunde erzeugt wird.

An dunstigen Tagen kann man manchmal am Firmament eine eigenartige Erscheinung bewundern: Die *Sonne* ist von einer Art Ring, einem weiten Hof, umgeben. Wie kommt es zu dieser Erscheinung?

Eine solche Erscheinung, die man *Halo* nennt, kündigt meist schlechtes Wetter an. Dann befinden sich nämlich feine *Eiskristalle* hoch in der Luft, die das Sonnenlicht zum Betrachter hin *reflektieren.* Zu sehen sind aber nur die Spiegelungen in einem größeren oder kleineren ringförmigen Bereich, in dem die Strahlen zum Betrachter hin einen ganz bestimmten Winkel haben.

Mit der Lupe den standhaften Männchen auf der Spur – *daheim im Wohnzimmer* kommen manchmal Indianer zu Besuch

In vielen Wohnungen stehen *Öfen*, die mit Holz oder Kohle befeuert werden. Sie bieten zwar nicht die Bequemlichkeit anderer Heizanlagen, weil sie nicht per Knopfdruck oder durch Drehen an einem Ventil reguliert und an- und ausgeschaltet werden können und weil das Brennmaterial oft erst mühsam herangeschafft werden muß, doch möchten viele Besitzer solcher Öfen die behagliche Wärme ihrer dickbauchigen Zimmergenossen nicht mehr missen. Besonders an kalten Wintertagen hat man es gern, wenn der Ofen auch über Nacht ein bißchen *Wärme* abgibt und sich am Morgen noch *Glut* im Inneren befindet, damit man nicht erst mühsam neu anfeuern muß. Aus diesem Grund legt man abends mit Papier umwickelte *Briketts* ins Feuer. Warum hat man dann gute Aussichten, noch morgens Glut im Ofen vorzufinden?

Das Papier, mit dem das Brikett umwickelt wurde, verbrennt rasch. Doch die Papierasche, die dabei übrigbleibt, verhindert, daß zuviel Luft an das glimmende Brikett dringt und dessen *Verbrennen* beschleunigt. Gleichzeitig wirkt die Ascheschicht wie Isoliermaterial: Unter ihr wird genügend Wärme im Brikett gehalten, um es bis zum Morgen weiterglimmen zu lassen.

Fotografien sind schön und recht. Aber Bilder, auf denen frühere Geschehnisse gleich metergroß zu besichtigen sind, sind doch noch schöner. Möglich macht so etwas die *Diaprojektion.* Wie wird aber aus einem zunächst so kleinen Bild ein ziemlich großes?

Dias sind positiv. Das heißt, nach der Entwicklung zeigt der Film auf jedem Bildabschnitt die Dinge so, wie sie auch in Wirklichkeit aussehen oder ausgesehen haben. Und ein solcher Film ist *lichtdurchlässig.* Wenn man also Licht durch ein „Dia" hindurchscheinen läßt, wird das darauf befindliche Bild *projiziert* – es wird auf alles, was sich gegenüber der Lichtquelle befindet (zum Beispiel eine weiße Leinwand), geworfen. Nötig ist hierfür ein *Diaprojektor*, in dessen Innerem das Licht durch *Linsen* gebündelt auf das Dia gestrahlt wird. Nach dem Durchdringen des Dias wird das Licht von einer Linse so auf die Leinwand gelenkt, daß ein vergrößertes Bild entsteht. Dieses Bild ist aber seitenverkehrt – das liegt an der Richtung, aus der die Lichtstrahlen zuvor auf das Dia aufgetroffen sind. Das Problem kann man auf einfache Weise lösen: Das Dia selbst muß seitenverkehrt in den Projektor eingelegt werden, dann ist die Leinwandabbildung „naturgetreu".

Mit einer *Lupe* lebt sich's leichter, vor allem, wenn man Briefmarkensammler ist oder wenn man sonstwo kleine Dinge ganz genau betrachten will. Warum kommt beim Blick durch eine Lupe alles Kleine so schön groß raus?

Der wichtigste Teil einer *Lupe* ist ein Stück Glas: die *Linse.* Diese Linse ist so geformt, daß sie die *Lichtstrahlen* „sammelt". Hält man die Lupe recht nah ans Auge und betrachtet nun einen kleinen Gegenstand, so werden die Lichtstrahlen von der Lupe so abgelenkt, daß ein vergrößertes Bild des Gegenstandes entsteht. Das ist aber nur möglich, wenn dieser selbst von der Lupe nicht weit entfernt ist – denn sonst entsteht ein verkleinertes Bild, das zudem auf dem Kopf steht.

Warum scheinen auf dem Fernsehbildschirm manchmal die Räder eines schnell fahrenden Wagens stillzustehen?

Ein *Film* besteht aus vielen *Einzelbildern*, die in schneller Folge – etwa 25 pro Sekunde – gezeigt werden. Das menschliche Auge kann wegen seiner Trägheit bei einer so raschen Bildfolge die einzelnen Bilder nicht mehr unterscheiden und nimmt das Gezeigte als ununterbrochene Bewegung wahr. Wenn sich zum Beispiel ein Speichenrad gerade mit solch einer Geschwindigkeit dreht, daß die Speichen auf jedem der Einzelbilder dieselbe Stellung haben, glaubt man beim Betrachten des Films natürlich, das Rad würde sich gar nicht bewegen. Wenn die Speichenstellung auf jedem Bild ein klein wenig nach hinten verschoben ist, meint man sogar, das Rad würde sich rückwärts drehen.

Es sind meistens Wildwestfilme, in denen stehende Speichenräder zu bewundern sind. In solchen Filmen werden dann und wann auch Indianer gezeigt, die am *Erdboden horchen*, ob sich aus der Ferne Reiter nähern. Warum kann man so ein Geräusch auf diese Weise offenbar früher oder besser wahrnehmen?

***S**challwellen* gelangen natürlich auch durch die Luft an das menschliche Ohr. Doch werden in der Luft Schallwellen durch vielerlei Hindernisse abgelenkt oder gedämpft. Solche Hindernisse gibt es im Erdboden weit weniger, außerdem wird der Schall in festen Körpern, wie zum Beispiel im Erdboden, wesentlich schneller weitergeleitet. Also gelangen die Schallwellen auf diesem Weg aus weiter Entfernung recht sicher ans Ohr eines Lauschers.

Wie werden auf einer *Schallplatte* Töne gespeichert?

Schallwellen bringen verschiedene Dinge zum Schwingen, so auch eine *Membran* (das ist ein hautartiges, dünnes Plättchen, das leicht schwingt). Die Schwingungen dieser *Membran* werden über eine Nadel in eine *Folie* eingraviert. Mit Hilfe dieser Folie können dann beliebig viele Schallplatten hergestellt werden. Die *Rillen* enthalten die Toninformationen. Beim Abspielen durchläuft ein *Tonabnehmer* (zum Beispiel ein Kristall) die Rillen und wird dabei in *Schwingungen* versetzt. Diese Schwingungen werden elektrisch verstärkt und über *Lautsprecher* hörbar gemacht.

S*challplatte* ist Schallplatte, oder nicht? Warum ist die eine aber viel kleiner als die andere und hat trotzdem genausoviel oder sogar noch mehr Musik auf sich gespeichert?

Auf einer modernen Schallplatte, einer *Compact Disc* oder *CD*, werden alle Tonsignale in Form von mikroskopisch feinen *Vertiefungen* gespeichert. Diese in die Platte eingeätzten Vertiefungen werden beim Abspielen von einem *Lichtstrahl* abgetastet und „gelesen" und dann in ein übliches *elektrisches Tonsignal* „übersetzt".
Ein Vorteil dieser Art der Tonwiedergabe liegt darin, daß die Platte nicht mechanisch beansprucht wird – sie wird vom Lichtstrahl auch durch eine äußere Schutzschicht hindurch „gelesen".
Ein anderer Vorteil ist die sehr präzise Speicherung der Tonsignale: Die Schallstärke kann bei der Aufnahme bis zu 50 000mal in der Sekunde gemessen und in entsprechende Vertiefungen auf der CD „übersetzt" werden. Diese Vertiefungen nehmen jeweils aber nur einen sehr geringen Raum in Anspruch, so daß auf einer recht kleinen CD vergleichsweise viel Musik gespeichert werden kann.

Ein *Stehaufmännchen* läßt sich nicht so leicht unterkriegen. Warum fällt es auch dann nicht um, wenn man es schon fast auf den Kopf gestellt hat?

Ein Stehaufmännchen besteht meist aus recht leichtem Material. An seinem unteren Ende allerdings ist eine schwere Metallhalbkugel angebracht. Deshalb liegt der *Schwerpunkt* des Stehaufmännchens sehr tief. Der Schwerpunkt ist der Punkt, in dem man sich die gesamte Masse eines Gegenstandes vereinigt denken kann – und auf den also die gesamte nach unten gerichtete *Gewichtskraft* wirkt. Bei jedem Kippen des Stehaufmännchens hebt man den Schwerpunkt durch Muskelkraft an. Das Stehaufmännchen aber richtet sich sofort wieder auf, denn der Schwerpunkt strebt durch die Gewichtskraft nach unten – und die runde Unterseite ermöglicht problemlos eine solche Drehbewegung.

Warum fällt ein *Kreisel* nicht um, solange er sich dreht?

Wenn ein Kreisel beim Drehen senkrecht auf seiner Achse steht, sind seine Bewegungen völlig ausgeglichen: Sein *Schwerpunkt* befindet sich genau auf der Achse. Wenn der Kreisel allerdings langsamer wird, bewirkt die Schwerkraft, daß er sich zur Seite neigt und zu taumeln beginnt. Bald ist dann das Gleichgewicht der Drehbewegung aufgehoben, und der Kreisel fällt um.

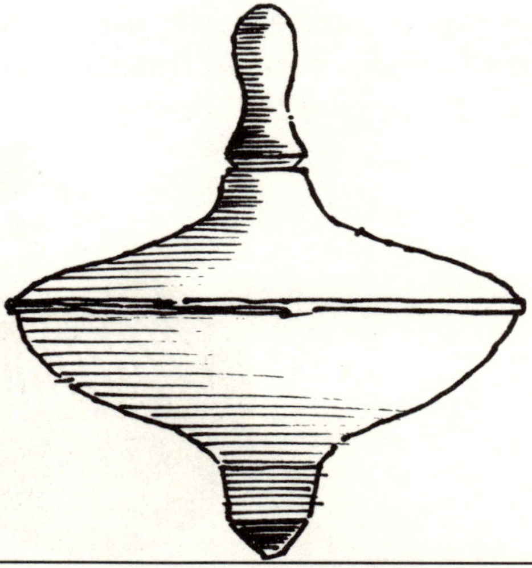

Mit dem Luftballon geht's den Feuerwerksraketen hinterher – *kleine und große Feste* haben gern Musikbegleitung

Bei vielen Stadtfesten werden Luftballonwettbewerbe veranstaltet: Man schreibt seine Adresse auf eine Karte, die mit einer Schnur an einem kleinen gasgefüllten *Ballon* befestigt wird. Dann wird der Ballon auf die Reise geschickt. Gewinner des Wettbewerbs ist, wessen Ballon die weiteste Strecke zurückgelegt hat – das kann man feststellen, wenn im Laufe der nächsten Tage und Wochen die Karten von den Findern zurückgesandt werden.
Viele Leute wählen einen prall gefüllten Ballon aus, weil sie glauben, der werde auch einen langen Flug gut überstehen – warum ist diese Annahme aber ganz falsch?

Der gasgefüllte Ballon steigt hoch in die Lüfte und wird vom Wind fortgetrieben. Mit zunehmender Höhe sinkt aber der *Luftdruck*. Das bewirkt, daß der Ballon sich weiter ausdehnt – denn der Druck in seinem Inneren bleibt ja gleich. Ein prall gefüllter Ballon wird also bald platzen und keine große Strecke hinter sich bringen; ein kleiner, nur halb gefüllter Ballon aber wird auch bei viel tieferem Luftdruck nicht platzen und so seinen Besitzer vielleicht zum Gewinner des Wettbewerbs machen.

Wenn eine *Sektflasche* geöffnet wird, ziehen die meisten Menschen den Kopf ein, denn der Korken schießt durch den in der Flasche herrschenden Druck meist mit ordentlicher Wucht aus dem Flaschenhals. Wenn der Korken wieder auf die halbgeleerte Flasche gedrückt wird, sollte er doch halten – der meiste Druck ist doch schon entwichen? Warum springt der Korken aber nach einigen Minuten wieder aus der Flasche, wenn sie nicht in den Kühlschrank gestellt worden ist?

Im Sekt befindet sich *Kohlensäure*, die in Wasser und Kohlendioxidgas zerfällt. *Wärme* beschleunigt diesen Vorgang sehr. Deshalb steigt der *Druck* in der Flasche allmählich an, bis er schließlich den Korken aus der Flasche treibt.

An Silvester begrüßen viele Menschen das neue Jahr mit einem Feuerwerk. Warum steigen eigentlich *Feuerwerksraketen* immer wie an einer Schnur gezogen senkrecht nach oben?

Über eine kleine Zündschnur wird im Inneren der Feuerwerksrakete ein Schwarzpulvergemisch entzündet, das unter großem *Druck* verbrennt. Dieser Druck kann nur über eine Öffnung nach hinten entweichen und erzeugt dabei nach dem *Rückstoßprinzip* eine Kraft nach vorne, welche die Rakete antreibt. Nach diesem einfachen Prinzip werden übrigens auch große, in den Weltraum aufsteigende Raketen angetrieben.

Auf jedem Fest sind Zaubertricks gefragt. Meistens geht dabei alles mit rechten Dingen zu, und man kommt durch einfaches Nachdenken auf die Erklärung eines zunächst erstaunlichen Vorgangs. Zum Beispiel: Eine *Zeitung* wird ausgebreitet auf einen Tisch gelegt. Dann wird ein *Lineal* ein Stück weit unter die Zeitung geschoben; das andere Ende des Lineals ragt dann über den Tischrand hinaus. Wieso ist es nicht möglich, die Zeitung mit einem kräftigen Schlag auf das herausstehende Linealende anzuheben?

Die Lösung ist wirklich einfach: Der *Luftdruck* hält die Zeitung auf dem Tisch. Der Druck der Luft ist so groß, daß er etwa einem Gewicht von einem Kilogramm pro Quadratzentimeter entspricht.

Eine brennende *Kerze* ausblasen ist nicht schwer. Warum gilt das sogar dann, wenn die Kerze hinter einer Flasche steht?

Wenn man von einer Seite an die Flasche bläst, wird der Luftstrom nicht zurückgeworfen, sondern streicht an den Seiten an der Flasche vorbei. Der *Luftdruck* preßt dabei die *Luftströme* dicht ans Glas und läßt sie hinter der Flasche wieder zusammenfließen. Eine brennende Kerze, die direkt hinter der Flasche steht, kann deshalb leicht ausgeblasen werden.

Warum „singt“ ein *Glas*, auf dessen Rand man mit einem Finger entlanggleitet?

Die gleichförmige Bewegung des Fingers versetzt das Glas in *Schwingung*, wodurch *Schallwellen* erzeugt werden. Diese Schallwellen werden vom menschlichen Ohr als Ton wahrgenommen, wenn sie eine bestimmte *Frequenz* haben. Der Mensch kann Töne mit einer Frequenz von 20 bis höchstens 20 000 *Hertz* wahrnehmen, wobei 1 Hertz 1 Schwingung pro Sekunde bedeutet.

Sie ist zwar nicht ganz so schön wie natürlich flakkerndes „echtes“ Kerzenlicht, dafür ist sie bequem und sicherer: die elektrische Weihnachtsbaumbeleuchtung. Man benötigt nur eine Steckdose, und schon erstrahlt der Baum in hellem (Glüh-)Kerzenlicht. Warum muß man nur eine der Kerzen ein wenig aus der Fassung drehen, um alle anderen ebenfalls auszulöschen?

S*trom* kann immer nur in einem geschlossenen Kreis fließen. Also verläuft ein Kabel von einem Pol des Elektrosteckers zum anderen. In einigem Abstand voneinander sind an diesem Kabel die *Glühkerzen* angebracht. Sie sind aber so angebracht, daß der Strom durch jede Glühkerze hindurchfließen muß, und das kann er eben nur, wenn auch jede Kerze fest eingeschraubt ist. Wenn nur eine gelokkert wird, ist der *Stromdurchfluß* für das gesamte Kabel unterbrochen – und alle Kerzen gehen aus.

In der Adventszeit werden auf Straßen und Plätzen große *Weihnachtsbäume* aufgestellt, die mit *elektrischen Glühkerzen* geschmückt sind. Diese Kerzen sind alle mit einem Kabel verbunden und so hintereinandergeschaltet, daß alle erlöschen müßten, wenn nur eine von ihnen ausfällt. Daß bei solch großen Bäumen einmal eine Kerze kaputtgeht, ist ziemlich wahrscheinlich – warum sieht man trotzdem nur ganz selten einen Weihnachtsbaum, an dem keine Kerze mehr brennt?

Eine solche Weihnachtsbaumbeleuchtung ist mit einer besonderen Sicherung ausgestattet: In jeder Kerze verläuft parallel zum *Glühdraht* ein kleines Schaltelement, ein *Heißleiter*, der die Stromleitung übernimmt, wenn der Glühdraht reißt oder durchbrennt. Durch einen solchen Heißleiter fließt bei Normalbetrieb nur ein sehr schwacher Strom – erst bei Ausfall der Glühkerze erwärmt er sich und leitet dann den Strom, so daß die Lichterkette weiterbrennt.

Warum darf man *Musikinstrumente* nicht erst kurz vor Beginn eines Konzerts in den Konzertsaal bringen?

*I*m Konzertsaal herrscht oftmals eine andere *Temperatur* als in dem Raum, in dem sich die Instrumente noch kurz zuvor befunden haben. Wie alle anderen Dinge dehnen sich auch Musikinstrumente bei *Erwärmung* aus und ziehen sich bei *Abkühlung* zusammen. Eine Saite zum Beispiel erzeugt aber einen recht unterschiedlichen *Ton*, wenn sie ein wenig länger oder kürzer ist. Musikinstrumenten muß man also genügend Zeit geben, sich an die veränderte Temperatur anzupassen. Wenn sie dann noch richtig gestimmt werden, steht dem Ohrenschmaus nichts mehr im Wege.

Warum nimmt die *Tonhöhe* von Blasinstrumenten zu und die von Streichinstrumenten ab, wenn sie sich erwärmen?

Bei Erwärmung dehnen sich die Saiten eines Streichinstrumentes aus. Dadurch verringert sich die *Spannung* jeder Saite. Wird eine solche Saite zum Schwingen gebracht, schwingt sie mit einer geringeren *Frequenz* als im gespannten Zustand. Eine geringere Frequenz (das sind die Schwingungen pro Sekunde, benannt als Hertz) bedeutet aber eine geringere Tonhöhe.
Die Frequenzen, die in einem Blasinstrument erzeugt werden, hängen auch direkt mit der *Schallgeschwindigkeit* im Inneren des Instrumentes zusammen. In warmer Luft ist aber die Schallgeschwindigkeit ein wenig höher als in kühler – also auch die Frequenz. Daher erhöht sich in einem warmen Instrument die Frequenz (das heißt: die Tonhöhe).

Blitze sind erwünscht, wenn
es Nebel gibt auf der
Milchstraße –
am Abend steigt dem Himmel
die Röte ins Gesicht

Warum ist der *Himmel* an manchen Abenden über dem Horizont *rot* gefärbt?

Abends, bei tiefstehender Sonne, müssen die *Sonnenstrahlen* einen längeren Weg durch die *Atmosphäre* zurücklegen als tagsüber, wenn die Sonne hoch am Firmament steht. In der Atmosphäre befinden sich viele Dunst- und Staubteilchen, von denen vor allem das kurzwelligere blaue *Licht* abgelenkt wird. Die roten und gelben Lichtanteile dringen dagegen leichter durch diese Schichten – daher erscheint oft ein farbenprächtiges *Abendrot* über dem Horizont. Der gleiche Vorgang läßt auch das *Morgenrot* entstehen, doch tritt dies nicht so häufig auf, da die Atmosphäre morgens meist nicht so dunstig ist wie abends.

In sternklaren Nächten kann man am Firmament helle Flecken erkennen, die wie Nebel oder Wolken schimmern. Gibt es zwischen den Sternen tatsächlich Nebelgebiete?

Die *„Nebel“* am Sternenhimmel sind natürlich nicht dieselben, wie sie auf der Erde auftreten. Bei einem solchen Nebel (man nennt diese Erscheinung aber ebenfalls so) kann es sich um eine sehr weit entfernt gelegene Ansammlung von Staub und Gas handeln, die von einem benachbarten, sehr hellen Stern zum Leuchten angeregt wird.
Es gibt am Himmel aber noch andere nebelhafte Gebilde zu sehen: Das sind Ansammlungen von Sternen; sie werden als *Galaxien* bezeichnet. Unser Sonnensystem befindet sich in einer Galaxie, die man *„Milchstraße“* nennt und die man zum Teil auch am Himmel als *„Nebel“* erkennen kann.

Im Dunkeln zu fotografieren ist heutzutage kein Problem, denn es gibt schließlich *Blitzlichtgeräte.* Groß ist aber dann die Überraschung, wenn auf den entwickelten Bildern manche Personen *rote* Augen haben. War etwa der Film nicht gut, oder wie sonst ist diese Erscheinung zu erklären?

Im Dunkeln öffnen sich die *Pupillen* weit, um möglichst viel von dem wenigen Licht aufnehmen zu können. Trifft nun ganz plötzlich ein Lichtblitz von vorne auf die Pupillen, gelangt viel Licht ins Auge und macht die feinen *Blutgefäße*, die sich dort in der *Netzhaut* befinden, sichtbar. Darum haben auf der Fotografie auch nur diejenigen rote Augen, die direkt von vorne abgebildet worden sind.

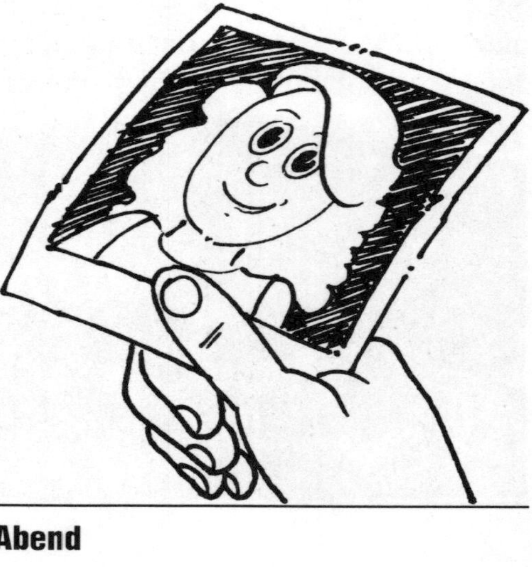

Man braucht ein *Blitzgerät*, um im Dunkeln genügend Licht zum Fotografieren zu haben. Wie erzeugt ein modernes Blitzgerät die notwendige Menge Licht?

Das Licht entsteht in der *Blitzröhre*. Diese Röhre ist mit dem Gas Xenon gefüllt, das durch eine *elektrische Entladung* zwischen einem Plus- und einem Minuspol zum Leuchten angeregt wird. Die nötige elektrische Energie stammt von einem Elektrizitätsspeicher, einem *Kondensator*, der mit Hilfe von Batterien oder über ein Netzgerät aufgeladen wird.

Wie erzeugt ein modernes Blitzgerät immer nur genau soviel Licht, wie zum Gelingen einer *Fotografie* notwendig ist?

Ein solches *Computerblitzgerät* ist mit einem lichtempfindlichen *„Fühler"* ausgestattet, der die vom zu fotografierenden Objekt zurückgestrahlte *Lichtmenge* mißt. Beim Blitzen wird von diesem Meßgerät in winzigen Bruchteilen einer Sekunde genau festgestellt, wann die zum Gelingen der Fotografie notwendige Lichtmenge ausgestrahlt worden ist. Dann wird die Blitzröhre von einer elektronischen Regelschaltung sofort abgeschaltet.

Register

G

H

I

K

L

Viele weitere interessante Beispiele, wie uns Physik rund um die Uhr begegnet, sind in dem Band **»Warum? Darum!«** (1988 im Ravensburger Buchverlag erschienen, ISBN 3-473-34607-1) beschrieben. So zum Beispiel:

- wie man am *Rauch* erkennt, wie's Wetter wird
- warum jeder Mensch ein *Gewicht* hat
- warum manchen Leuten die *Haare* zu Berge stehen
- warum man unter Waschbecken ein gekrümmtes *Abflußrohr* einbaut
- wie der *Wasserstand* im Toilettenkasten reguliert wird
- warum man auf *Eis* rutscht
- wie eine *Fahrradpumpe* funktioniert
- warum es in einer *Unterführung* immer zieht
- warum sich ein *vorbeifahrendes Auto* nicht immer gleich anhört
- warum *Räder* durchdrehen
- warum ein *Blinker* so gleichmäßig blinkt
- warum im Sommer trockene *Straßen* manchmal naß aussehen
- wie ein *Feuermelder* funktioniert
- wie die *Sahne* aus der Milch kommt
- warum sich *Küchengerüche* überallhin ausbreiten
- warum manche *Getränke* schäumen
- wie man *Flüssigkeiten* anheben kann
- warum *Wasssertropfen* auf einer heißen Herdplatte tanzen
- warum man sich mit einer *Suppe* leicht den Mund verbrennt
- warum auch in einem Hochhaus *Wasser* aus der Leitung kommt
- wie man am einfachsten *Blumen* gießt
- wie man einen festsitzenden *Deckel* aufbekommt
- wie ein *Kühlschrank* funktioniert
- warum polierte *Schuhe* glänzen
- warum man manchmal einen kleinen *elektrischen Schlag* bekommt, auch wenn keine elektrische Leitung in der Nähe ist
- warum *Hauswände* manchmal *feucht* sind
- warum sich ein *Metallgriff* kühl anfühlt
- warum *Fenster* zwei oder drei Glasscheiben haben
- warum *Ziegel* Löcher haben
- wie eine *Zentralheizung* funktioniert

- warum *Heizkörper* meist unter Fenstern angebracht werden
- warum ein *Blitzableiter* nicht nur Blitze ableitet
- wie eine *Pumpe* funktioniert
- warum *Regenwürmer* so nützlich sind
- warum hochfliegende *Flugzeuge* Streifen an den Himmel malen
- warum man friert, wenn man aus dem *Wasser* kommt
- warum auf den Dächern vieler Gebirgshäuser große *Steine* liegen
- warum es *Föhnwetter* gibt
- warum *Gebirgsseen* mal blau, mal grün aussehen
- warum *Bergspitzen* manchmal funkeln
- warum man am *Äquator* weniger wiegt als anderswo
- warum es natürliche *Springbrunnen* gibt
- warum eine *Fahne* im Wind flattert
- warum *Brillen* manchmal beschlagen
- warum es *hagelt*
- warum *Schnee* die Luft reinigt
- warum ein *Baggerloch* manchmal voller Wasser ist
- warum es in *Sandwüsten* nachts bitter kalt ist
- wo das *Echo* herkommt
- warum sich *Vögel* im Winter aufplustern
- warum *Steine* im Eis versinken
- warum *Schlittschuhe* nicht immer wie geölt gleiten
- warum *Rodelbahnen* ständig vereisen
- warum auf einen *Blitz Donner* folgt
- warum der *Wind* heulen kann
- warum *Hunde* Unhörbares hören
- warum man künstlich *Erdbeben* erzeugt
- wie ein *Regenbogen* entsteht
- warum *Kristalle* kleine Elektrizitätswerke sind
- wie ein *Thermostat* funktioniert
- warum sich die eigene Stimme vom *Tonband* ganz anders anhört
- warum *Zähne* manchmal leuchten
- warum *Schokoladenpapier* Zahnschmerzen verursachen kann
- wie *Mikrophon, Lautsprecher, Radio, Kassettenrecorder* und *Fernsehen* funktionieren
- warum manche Leute *schnarchen*
- was passiert, wenn *Kegelkugeln* aufeinandertreffen
- warum *Sterne* flimmern
- wie *Mond-* und *Sonnenfinsternis* entstehen